高等职业教育建筑设备类专业系列教材

消防工程制图与识图

XIAOFANG GONGCHENG ZHITU YU SHITU（第2版）

主　编　李　冕　游成旭
副主编　孙益星　边凌涛　徐　阳　刘　庚
参　编　黄　辉　刘郭林　杨宋萍
主　审　李文杰

U0190591

重庆大学出版社

内容提要

本书是校企合作双元开发教材。全书分为3个模块:模块1介绍了制图的基本知识及规定、投影的相关知识及计算机辅助制图的基础知识,重点培养学生的基本制图与识图能力;模块2介绍了建筑施工图的识读与绘制,包括建筑施工图的基本知识、建筑施工图的识读及 AutoCAD 绘制建筑施工图的相关知识,重点培养学生的建筑施工图的识读与绘制能力;模块3结合工程实际介绍了消防工程施工图的识读与绘制,包括消防给水系统施工图、火灾自动报警系统施工图和通风与防排烟系统施工图的识读与绘制,重点培养学生的消防工程施工图的识读与绘制能力。

本书可作为高等职业教育建筑设备类专业的教材使用,也可作为职工培训和广大从业人员的自学参考用书。

图书在版编目(CIP)数据

消防工程制图与识图／李冕,游成旭主编. -- 2 版
. -- 重庆:重庆大学出版社,2023.8(2024.8 重印)
高等职业教育建筑设备类专业系列教材
ISBN 978-7-5689-2938-7

Ⅰ.①消… Ⅱ.①李… ②游… Ⅲ.①消防—工程—制图—高等职业教育—教材②消防—工程—识图—高等职业教育—教材 Ⅳ.①TU998.1

中国国家版本馆 CIP 数据核字(2023)第 072935 号

高等职业教育建筑设备类专业系列教材
消防工程制图与识图
(第 2 版)
主 编 李 冕 游成旭
主 审 李文杰
策划编辑:林青山

责任编辑:姜 凤 林青山 版式设计:林青山
责任校对:王 倩 责任印制:赵 晟

*

重庆大学出版社出版发行
出版人:陈晓阳
社址:重庆市沙坪坝区大学城西路 21 号
邮编:401331
电话:(023) 88617190 88617185(中小学)
传真:(023) 88617186 88617166
网址:http://www.cqup.com.cn
邮箱:fxk@ cqup.com.cn (营销中心)
全国新华书店经销
重庆华林天美印务有限公司印刷

*

开本:787mm×1092mm 1/16 印张:11.25 字数:297 千
2021 年 9 月第 1 版 2023 年 8 月第 2 版 2024 年 8 月第 4 次印刷
印数:8 001—11 000
ISBN 978-7-5689-2938-7 定价:33.00 元

第 2 版前言

《消防工程制图与识图》是根据教育部的最新要求，结合高等职业教育的办学特点，认真总结一线教师的教学经验，充分吸收近年来的教学研究及改革成果，经过长时间的酝酿精心编写而成的。本书图文并茂，以实际工程项目为载体，注重实际操作能力的培养；创新性地加入了具有深刻教育意义的案例，在培养学生知识和技能的同时，强化爱国意识、法律意识、责任意识、创新精神、工匠精神、吃苦耐劳精神等的培养。本书第 1 版于 2021 年出版后，得到了使用院校的良好反馈。党的二十大召开后，为了响应"智慧教育"建设，本次修订除了对教材部分内容进行完善，针对重点、难点增加了视频、动画，同时为本书配套了教学 PPT、图纸、案例等数字教学资源。

本书模块 1 介绍了制图基本知识及规定、投影的相关知识及计算机制图 AutoCAD 的基础知识，重点培养学生的基本制图与识图能力。模块 2 介绍了建筑施工图识读与绘制，内容包括建筑施工图的基本知识、建筑施工图的识读及 AutoCAD 绘制建筑施工图的相关知识，重点培养学生建筑施工图的识读与绘制能力。模块 3 结合工程实际，介绍了消防工程施工图的识读与绘制，内容包括消防给水系统施工图、火灾自动报警系统施工图和通风与防排烟系统施工图的识读与绘制，重点培养学生消防工程施工图的识读与绘制能力。本书内容丰富、重点突出，结合工程实际，由浅入深，可作为高等职业教育建筑设备类专业的教材，也可作为职工培训和广大工程技术人员自学的参考用书。

本书由重庆安全技术职业学院李冕、游成旭担任主编，重庆安全技术职业学院孙益星、重庆电子工程职业学院边凌涛、重庆安全技术职业学院徐阳和西安沣东科技园区运营管理有限公司刘庚担任副主编，重庆安全技术职业学院黄辉、刘郭林、杨宋萍参与编写。具体编写分工如下：模块 1 由李冕编写，模块 2 由孙益星和徐阳编写，模块 3 由游成旭和刘庚编写。全书由李冕进行统筹，数字资源由边凌涛制作建设，游成旭对插图进行审核及处理；重庆科技大学副教授、注册公用设备工程师李文杰对全书进行了审核。

在本书的编写过程中，参阅了大量著作和文献，得到了许多同行的支持与帮助，在此表示衷心感谢！本书多处引用了相关法律、法规、标准、规范，在使用过程中应以最新修订版为准。

由于编者水平有限，书中难免存在疏忽和不妥之处，敬请广大读者和专家批评指正。

编 者
2023 年 4 月

目 录

模块 **1**
制图基本知识

项目 1.1　制图基本规定

　　本节主要介绍工程图样绘制所涉及的国家标准《技术制图》(GB/T 4457.2—2003)及《房屋建筑制图统一标准》(GB/T 50001—2017)中有关图纸幅面、比例、字体、图线及尺寸标注等方面的基本规定,它是工程技术图样必须遵循的标准,也是学生了解绘制工程图样的基本规范。

【教学目标】

知识目标

1.了解图纸幅面规格、图线、字体、比例、尺寸标注等制图规定。
2.掌握制图标准。

能力目标

1.掌握具体的制图步骤和方法。
2.能够使用制图工具仪器绘制简单的建筑图样。

素质目标

　　1.培养学生的工程意识,让学生了解工程制图国家标准及制图的操作技能和工程规范并贯彻执行。
　　2.强调国家制定的相关标准的科学性、规范性和严肃性,提升学生遵守规范、标准的意识;强调作图的准确性、细节的重要性,强化学生严谨、认真的学习和工作态度。

【课前导读】

我国图学的演变历程

从出土文物中考证,在新石器时代,我国就能绘制一些几何图形、花纹,具有简单的图示能力。

在春秋时期,技术著作《周礼·考工记》中就有了画图工具"规、矩、绳、墨、悬、水"的记载。

在战国时期,我国人民就已运用设计图(有确定的绘图比例,酷似用正投影法画出的建筑规划平面图)来指导工程建设,距今已有 2 000 多年的历史。"图"在推动人类社会文明进步和现代科学技术发展中起着重要作用。

自秦汉起,我国已出现图样的史料记载,并能根据图样建筑宫室。宋代李诫所著《营造法式》一书,总结了我国历史上建筑技术的成就。全书共分 36 卷,其中 6 卷是图样(包括平面图、轴测图、透视图等),这是一部闻名世界的建筑图样巨著,图上运用投影法表达了复杂的建筑结构,这在当时是极为先进的。

18 世纪,欧洲的工业革命促进了一些国家的科学技术迅速发展。在总结前人经验的基础上,法国科学家蒙日根据平面图形表示空间形体的规律,应用投影方法创建了画法几何学,从而奠定了图学理论的基础,使工程图的表达与绘制实现了规范化。

随着生产技术的不断发展,农业、交通、军事等器械日趋复杂和完善,图样的形式和内容也日益接近现代工程图样。如明代程大位所著《算法统宗》一书的插图中,有丈量步车的装配图和零件图。

制图技术在我国虽有光辉成就,但因长期处于封建制度束缚下,在理论上缺乏完整的系统总结。新中国成立前近百年,旧中国处于半殖民地半封建状态,工程图学停滞不前。

20 世纪 50 年代,我国著名学者赵学田教授简明而通俗地总结了三视图的投影规律——长对正、高平齐、宽相等。1956 年,原机械工业部颁布了第一个部颁标准《机械制图》,1959 年国家科学技术委员会颁布了第一个国家标准《机械制图》,随后又颁布了国家标准《建筑制图》,使全国工程图样标准得到了统一,我国工程图学进入了崭新的阶段。

随着科学技术的发展和工业水平的提高,技术规定不断修改和完善,国家标准《机械制图》于 1970 年、1974 年、1984 年、1993 年先后修订,一系列《技术制图》与《机械制图》新标准颁布。截至 2003 年底,1985 年实施的 4 类 17 项《机械制图》国家标准中有 14 项被修改替代。此外,我国在改进制图工具和图样复制方法、研究图学理论和编写出版图学教材等方面都取得了可喜的成绩。

在世界上第一台计算机问世后,计算机技术以惊人的速度发展。计算机绘图、计算机辅助设计(CAD)技术已深入应用于相关领域,传统的尺规作业模式也基本退出了历史舞台。

随着各种计算机制图软件的发展和更新,现代的设计、制图工具越来越方便,大大节省了人力、物力等。近年来,三维建模软件、Autodesk Revit 等的出现,冲击了现有的工作和生活方式。Autodesk Revit 软件把建设者、设计师、施工方、管理者联系起来,大大优化了各环节的工作,也对某些社会职业(比如工程造价人员)提出了强烈挑战。

我国工程图学经历了几千年的发展,留下了大量宝贵的资料和财富,现代计算机成图技术的出现和发展大大推动了工程图学的发展与进步,我们要冷静分析,提前预测,使计算机成图技术为我们的生活服务,使工程图学发展得越来越完备。

启示:通过我国图学的发展史能够看出,先辈们在 1 万年前就能够用图画记录世界,并在以后的几千年里取得了辉煌成就,为人类社会发展作出了卓越贡献。同时,我国制图技术在历史上虽有光辉成就,但因长期处于封建制度束缚下,在理论上缺乏完整的系统总结,逐渐被西方国家取代、超越,这告诉我们,在任何时候都必须保持谦虚的态度,坚持不懈、努力奋斗,如此才不会落后。

设备施工图是建筑工程施工图的一部分,设备施工图包含消防给排水施工图、通风与防排烟系统施工图、火灾自动报警系统施工图等消防工程施工图。建筑工程图是表达建筑工程设计意图的重要手段,也是建筑施工的重要依据,还是相关人员进行设计交流的"技术语言"。因此,为了使房屋建筑制图规格基本统一,图面清晰简明,提高制图效率,保证图面质量,符合设计、施工、存档的要求,适应国家工程建设的需要,建筑施工图必须满足中华人民共和国国家质量监督检验检疫总局、中华人民共和国住房和城乡建设部联合发布的有关建筑制图的 5 种国家标准:

①《房屋建筑制图统一标准》(GB/T 50001—2017);

②《总图制图标准》(GB/T 50103—2010);

③《建筑制图标准》(GB/T 50104—2010);

④《建筑结构制图标准》(GB/T 50105—2010);

⑤《建筑给水排水制图标准》(GB/T 50106—2010)。

以上基本内容包括对图纸幅面、格式、标题栏、比例、字体、图线、尺寸标注、图样画法(包括投影法、规定画法、简化画法等)等项目的规定,在绘制工程图样时这些都是工程技术人员必须严格遵守,各类工程图纸必须统一的内容。

1.1.1　图纸幅面、格式和标题栏

1)图纸幅面和格式

图纸幅面简称图幅,也就是图纸的长×宽,通常用细实线绘制,称为图纸的幅面线或边框线。为了合理使用图纸及便于图样管理,国家标准规定图纸幅面有 A0,A1,A2,A3,A4 共 5 种规格,绘制技术图样时,应优先采用表 1.1 规定的基本幅面尺寸。小图纸的长度等于大一号图纸的宽度,小图纸的宽度等于大一号图纸长度的一半(近似,考虑到四舍五入)。

表 1.1　图纸幅面代号和尺寸

单位:mm

幅面代号	A0	A1	A2	A3	A4
$b \times l$	841×1 189	594×841	420×594	297×420	210×297
a	25				
c	10			5	
e	20		10		

注:表中 b 为幅面短边尺寸,l 为幅面长边尺寸,a 为图框线与装订边间的宽度,c 为图框线和幅面线之间的宽度,e 为不带装订边的图纸图框线与图纸边线间的宽度。

A0—A3 图纸宜采用横式(以图纸短边作垂直边),必要时也可采用竖式(以图纸短边作水平边),如图 1.1 所示。一个工程设计中,每个专业所使用的图纸,不宜多于两种幅面(不含目录

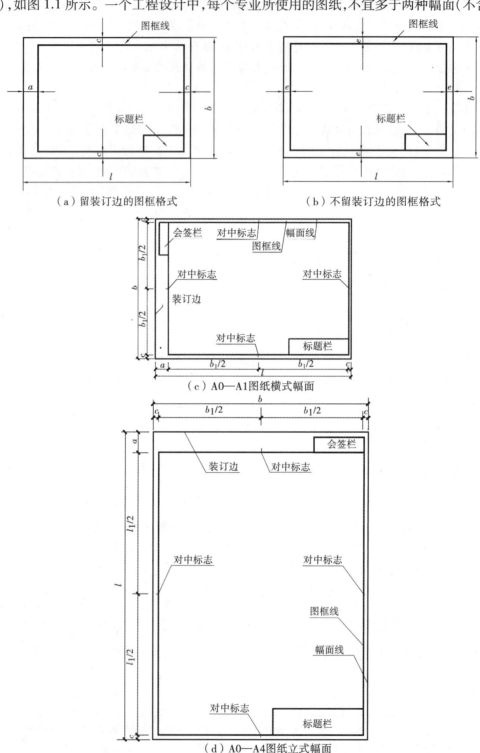

(a)留装订边的图框格式   (b)不留装订边的图框格式

(c)A0—A1图纸横式幅面

(d)A0—A4图纸立式幅面

图 1.1 图纸幅面

及表格所采用的 A4 幅面)。必要时允许按《房屋建筑制图统一标准》(GB/T 50001—2017)的有关规定加长幅面。加长幅面一般由基本幅面的长边加上 A4 的短边或长边的整数倍形成,如 297×630 即 297×(420+210),841×1 783 即 841×(1 189+2×297)等,需要时可查阅有关规定。

2)标题栏

每张图纸都应在图框的右下角设立标题栏,其底边与下图框线重合,用粗实线绘制。一般标题栏应有图纸名称、编号、设计单位、设计人员、校核人员及日期等内容。学生制图作业建议标题栏的大小与格式如图 1.2 所示,单位均为 mm。

会签栏包含实名列与签名列,是各工种负责人审验后签字的表格,可有可无,根据实际情况确定。会签栏一般放在装订边内,格式如图 1.3 所示,单位均为 mm。

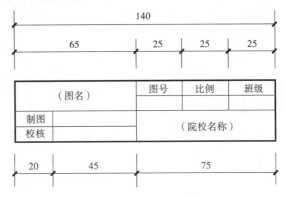

图 1.2 学生作业标题栏

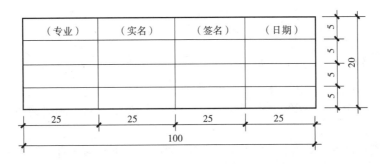

图 1.3 会签栏

1.1.2 图线

在工程制图中,为了表达工程图样的不同内容,并使图面主次分明、层次清楚,必须使用不同的线型与线宽。

1)线型与线宽

工程图中的线型有实线、虚线、点画线、双点画线、折断线和波浪线等,并把有的类型分为粗(b)、中($0.5b$)、细($0.25b$)3 种,其中 b 为线宽代号,宜按图纸比例及图纸性质从 1.4 mm、1.0 mm、0.7 mm、0.5 mm 线宽系列中选取,当选定粗线宽度 b 后,同一个图样中的中粗线宽为

0.5b、细线宽为 0.25b。在同一图样中,同类图线的宽度基本一致。为了使图纸主次分明,绘图时需要用到不同规格的线宽和线型来表达设计的内容。多种线型的规定及一般用途见表1.2。

表 1.2　图线名称、线型、宽度及用途

图线名称		线型	宽度	一般用途
实线	粗		b	主要可见轮廓线
	中		0.5b	可见轮廓线
	细		0.25b	可见轮廓线、图例线
虚线	粗		b	见有关专业制图标准
	中		0.5b	不可见轮廓线
	细		0.25b	不可见轮廓线、图例线
单点长画线	粗		b	见有关专业制图标准
	中		0.5b	见有关专业制图标准
	细		0.25b	中心线、对称线等
双点长画线	粗		b	见有关专业制图标准
	中		0.5b	见有关专业制图标准
	细		0.25b	假想轮廓线、成型前原始轮廓线
折断线			0.25b	断开界线
波浪线			0.25b	断开界线

2)图线的画法

绘制工程图时,应注意以下几点图线问题。

①在同一图样中,同类图线的宽度应一致。虚线、点画线及双点画线的线段长度和间隔应各自大致相等。

②相互平行的图线,其间隙不宜小于粗实线的宽度,最小距离不宜小于 0.2 mm。

③绘制圆的对称中心线时,圆心应为线段交点。点画线和双点画线的起止端应是线段而不是点画。

④在较小的图形上绘制点画线、双点画线有困难时,可以用细实线代替。

⑤形体的轴线、对称中心线、折断线和作为中断线的双点画线,应超出轮廓线 2~5 mm。

⑥点画线、虚线和其他图线相交时,都应在线段处相交,不应在空隙或点画处相交。

⑦当虚线处于粗实线的延长线上时,粗实线应画到分界点,而虚线应留有空隙。当虚线圆弧和虚线直线相切时,虚线圆弧的线段应画到切点,而虚线直线须留有空隙。

⑧图线不得与文字、数字或符号重叠、混淆,当不可避免时,应先保证文字等清晰。

3）各种图线的应用

图线是起点和终点间以任意方式连接的一种几何图形，可以是直线或曲线、连续线或不连续线。图样上的线型必须严格按照国家标准的规定正确绘制。几种常用图线的名称、线型及主要应用如图 1.4 所示的应用示例。

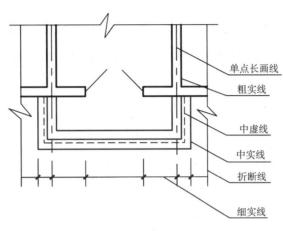

图 1.4　各种图线的应用

1.1.3　字体

工程图样中使用的汉字、数字、拉丁字母和一些符号，是工程图样的重要组成部分，字体不规范或不清晰会影响图面质量，也会对工程造成损失。因此，国家标准对字体也作了严格规定，不允许随意书写。工程图中的文字必须遵循下列规定。

1）汉字

①图纸中所需书写的文字、数字、符号等，均应笔画清晰、字体端正、排列整齐、标点符号清楚正确。

②文字的高度应选用如下系列：3.5,5,7,10,14,20 mm。

③图样及说明中的汉字宜采用长仿宋体，其字高不得小于 3.5 mm。汉字的简化书写应符合国家有关汉字简化方案的规定。长仿宋体汉字示例如图 1.5 所示。

2）字母和数字

①字母和数字可写成斜体或直体（常用斜体）。斜体字字头向右倾斜，与水平线成 75°。

②数量的数值注写应采用正体阿拉伯数字，如 8 层楼、③号钢筋等。凡前面有量值的，均应采用国家颁布的单位符号注写，单位符号应采用正体字母，如 20 mm、30 ℃、5 km 等。

③分数、百分数及比例的注写，应采用阿拉伯数字和数字符号，如 3/4、25%、1:20 等。

④当注写的数字小于 1 时，必须写出个位的"0"，小数点应采用圆点，对齐基准线书写，如 −0.020、±0.000 等。

⑤当拉丁字母单独用代号或符号时，不使用 I,O 及 Z 3 个字母，以免与阿拉伯数字的 1,0

及 2 相互混淆。

图 1.5　长仿宋体汉字示例

拉丁字母及数字书写示例如图 1.6 所示。

ABCDEFGHIJKLMN
OPQRSTUVWXYZ
ABCDEFGHIJKLMN
OPQRSTUVWXYZ
abcdefghijklmn
opqrstuvwxyz
abcdefghijklmn
opqrstuvwxyz

1234567890　　*1234567890*　*α β γ*

图 1.6　拉丁字母与数字示例

1.1.4　比例

图形与实物相对应的线性尺寸之比称为比例。比例的大小指其比值的大小，如 1:50 大于 1:100。比例的符号用"∶"表示。比值为 1 的比例称为原值比例，比值大于 1 的比例称为放大比例，比值小于 1 的比例称为缩小比例。比例宜注写在图名的右侧，字的基准线应取平；比例的字高宜比图名的字高小一号或两号，如图 1.7 所示。

图上所注尺寸数字与比例无关，尺寸标注时标注的是工程形体的实际尺寸。绘图所用的比例，应根据图样的用途与被绘对象的复杂程度，从表 1.3 中选用。应优先选用表中比较常用的比

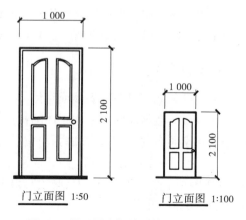

图 1.7　用不同比例绘制的门立面图

例,在特殊情况下允许使用"必要时可用比例"。一般情况下,一个图样应选用一种比例,根据专业制图的需要,同一个图样可选用两种比例。

表 1.3　绘图所用比例

图名	常用比例	必要时可用比例
总平面图	1:500,1:1 000,1:2 000,1:5 000,1:10 000, 1:50 000	1:25 000
总图专用的竖向布置图、管线综合图、设备布置图	1:50,1:100,1:200,1:500,1:1 000,1:5 000	1:300
平面图、立面图、剖面图、结构布置图、设备布置图	1:50,1:100,1:150,1:200	1:300,1:400

1.1.5　尺寸标注

工程图中除了要画出建筑物及其各部分的形状外,还必须准确、详尽和清晰地标注各部分的实际尺寸,以确定其大小,作为施工的依据。

1)尺寸的组成

图样上的尺寸包括尺寸界线、尺寸线、尺寸起止符号和尺寸数字,如图 1.8 所示。

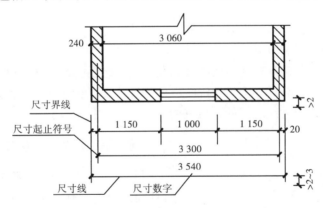

图 1.8　尺寸的组成

①尺寸界线。应用细实线绘制,一般应与被注长度垂直。其一端应离开图样轮廓线不小于 2 mm,另一端宜超出尺寸线 2~3 mm。必要时,图样轮廓线可用作尺寸界线。

②尺寸线。应用细实线绘制,应与被注长度平行,两端宜以尺寸界线为边界,也可超出尺寸界线 2~3 mm。应注意图样本身的任何图线均不得用作尺寸线。

③尺寸起止符号。一般用中粗斜短线绘制,其倾斜方向与尺寸界线成顺时针 45° 角,长度宜为 2~3 mm。

④尺寸数字。图样上的尺寸,应以尺寸数字为准,不得从图上直接量取;图样上的尺寸单位,除标高及总平面图以米(m)为单位外,其他必须以毫米(mm)为单位;图上尺寸数字不再

注写单位。

尺寸数字的方向,应按图1.9(a)的规定注写。若尺寸数字在30°斜线区内,也可按图1.9(b)的形式注写。尺寸数字应写在尺寸线的上方中部,如没有足够的注写位置,最外边的尺寸数字可注写在尺寸界线的外侧,中间相邻的尺寸数字可上下错开注写,也可引出注写,如图1.9(c)所示。

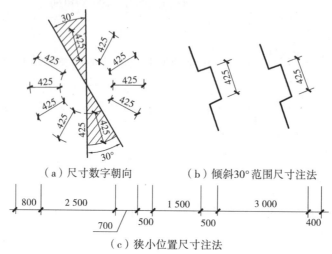

（a）尺寸数字朝向　　　　　　（b）倾斜30°范围尺寸注法

（c）狭小位置尺寸注法

图1.9　尺寸数字的注写方向及位置

2）尺寸的排列与布置

尺寸数字宜标注在图样轮廓线以外,不宜与图线、文字及符号等相交;如果图线不得不穿过尺寸数字时,应将尺寸数字处的图线断开。

相互平行的尺寸线,应从被注写的图样轮廓线由近向远整齐排列,较小尺寸应离轮廓线较近,较大尺寸应离轮廓线较远。图样轮廓线以外的尺寸线,距图样最外轮廓之间的距离不宜小于10 mm,平行排列的尺寸线之间的距离宜为7~10 mm,并应保持一致。

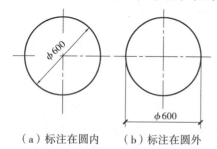

（a）标注在圆内　（b）标注在圆外

图1.10　直径标注

3）圆、圆弧、球的尺寸标注

圆和大于半圆的弧,一般标注直径,尺寸线应通过圆心,用箭头作尺寸的起止符号,指向圆弧,并在直径数字前加注直径符号"φ",其中,箭头的画法如图1.10(a)所示。较小圆的尺寸可以标注在圆外,如图1.10(b)所示。

半圆和小于半圆的弧一般标注半径,尺寸线的一端从圆心开始,另一端画箭头指向圆弧,在半径数字前加注半径符号"R"。较小圆弧的半径数字可引出标注,较大圆弧的尺寸线可画成折线,但必须对准圆心,如图1.11所示。

球的尺寸标注与圆的尺寸标注基本相同,只是在半径或直径符号(R或φ)前加注"S",如图1.12所示 。

注意:直径尺寸还可标注在平行于任一直径的尺寸线上,此时需画出垂直于该直径的两条

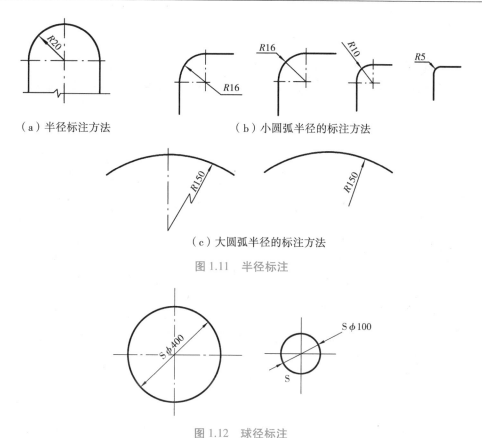

（a）半径标注方法   （b）小圆弧半径的标注方法

（c）大圆弧半径的标注方法

图 1.11   半径标注

图 1.12   球径标注

尺寸界线,且起止符号改用 45°中粗斜短线,如图 1.10(b)所示。

4)角度、弧长、弦长的尺寸标注

角度的尺寸线应以圆弧表示。该圆弧的圆心应是该角的顶点,角的两条边为尺寸界线,角度的起止符号应以箭头表示,如没有足够位置画箭头,可用圆点代替,角度数字应沿尺寸线方向水平注写,如图 1.13(a)所示。

弧长的尺寸线应以与该圆弧同心的圆弧线表示,尺寸界线应垂直于该圆弧的弦,起止符号应以箭头表示,弧长数字的上方应加注圆弧符号"⌒",如图 1.13(b)所示。

弦长的尺寸线应以平行于该弦的直线表示,尺寸界线应垂直于该弦,起止符号应以中粗斜短线表示,如图 1.13(c)所示。

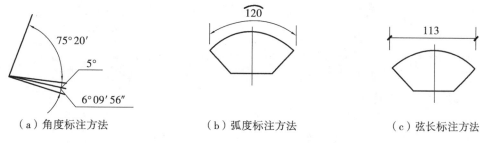

（a）角度标注方法   （b）弧度标注方法   （c）弦长标注方法

图 1.13   角度、弧度、弦长的尺寸标注

5) 坡度的标注

标注坡度时,应沿坡度画出指向下坡的箭头,坡度宜用单边箭头表示,在箭头的一侧或一端的附近注写坡度数字,坡度数字可用百分数或比例表示,如图 1.14(a),(b)所示;也可用直角三角形标注,如图 1.14(c) 所示。

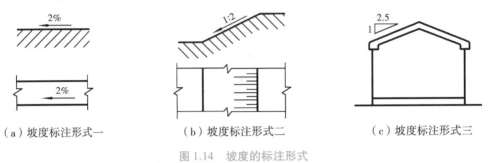

（a）坡度标注形式一　　　（b）坡度标注形式二　　　（c）坡度标注形式三

图 1.14　坡度的标注形式

6) 尺寸的简化标注

对于屋架、钢筋以及管线等图纸,可把尺寸数字相应地沿着杆件或线路的一侧注写,如图 1.15 所示,尺寸数字的读数方向则符合前述规则。

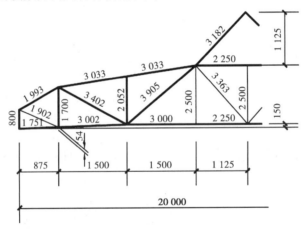

图 1.15　桁架式结构的尺寸标注方法

【技能训练】

1.制图国家标准规定,图纸幅面尺寸应优先选用(　　)种基本幅面尺寸。

A.3　　　　　　　B.4　　　　　　　C.5　　　　　　　D.6

2.制图国家标准规定,必要时图纸幅面尺寸可以沿(　　)边加长。

A.长　　　　　　B.短　　　　　　C.斜　　　　　　D.各

3. 1:2是(　　)的比例。

A.放大　　　　　B.缩小　　　　　C.优先选用　　　D.尽量不用

4.某产品用放大一倍的比例绘图,在标题栏比例项中应填(　　)。

A.放大一倍　　　B.1×2　　　　　C.2/1　　　　　　D.2:1

5.在建筑立面图中,表示建筑物的外轮廓采用(　　)线型。

A.粗实线　　　　　　B.细实线　　　　　　C.波浪线　　　　　　D.虚线

6.图样中汉字应写成(　　)体,采用国家正式公布的简化字。

A.宋体　　　　　　　B.长仿宋　　　　　　C.隶书　　　　　　　D.工楷体

7.图样上标注的尺寸,一般应由(　　)组成。

A.尺寸界线、尺寸箭头、尺寸数字

B.尺寸线、尺寸界线、尺寸数字

C.尺寸数字、尺寸线及其终端、尺寸箭头

D.尺寸界线、尺寸线及其终端、尺寸数字

8.尺寸宽×长为 290 mm×420 mm 的图纸幅面代号为(　　)。

A.A1　　　　　　　　B.A2　　　　　　　　C.A3　　　　　　　　D.A4

项目 1.2　投影的相关知识

【教学目标】

知识目标

1.了解投影的概念及分类。

2.了解投影的基本知识。

3.掌握三面投影图的相关知识点。

能力目标

掌握三面投影图的制图方法和步骤。

素质目标

培养学生的工程素质,包括工程概念的形成、工程思想方法的建立,工程人员基本识图、绘图能力及严谨的工作作风和态度。引导学生树立遵守国家法律法规的意识,贯彻和执行国家的路线、方针和政策。

【课前导读】

画错图纸,3 死 6 伤,设计师被判 3 年有期徒刑,罚款 10 万元

2014 年 9 月起,我国开展了为期两年的工程质量治理行动,质量终身责任制首次落实到具体责任人,并在每一处建筑物的明显位置设置永久标牌,载明责任人信息。"凡发生工程质量事故或重大质量问题,不管责任人是否离开原单位,是否已经退休,都要依法追究其质量责任。"治理行动不仅要全面落实项目责任人质量终身责任制,还将严厉打击建筑施工转包违法

分包行为。

2014 年 8 月 25 日,中华人民共和国住房和城乡建设部出台《建筑工程五方责任主体项目负责人质量终身责任追究暂行办法》,明确指出,建筑工程的具体责任人为勘察项目负责人、设计项目负责人、施工项目经理、建设单位项目负责人以及总监理工程师。工程项目在设计使用年限内发生工程质量事故,发生投诉、举报、群体性事件、媒体报道并造成恶劣社会影响的严重工程质量问题,或勘察、设计或施工原因造成尚在设计使用年限内的建筑工程不能正常使用的,都应追究这五类人的终身责任。

谁会成为第一个以身试法的人呢? 2014 年 10 月 7 日,内蒙古东源科技有限公司(以下简称"东源科技")年产 6 万吨的 1,4-丁二醇(以下简称"BDO")装置及配套的公用工程和辅助设施的工程设计项目,因设计不当发生重大安全事故。乌海市法院对设计项目负责人(张××)宣布了一审判决。

被告人张××,男,1984 年 2 月 3 日出生,汉族,大学本科,曾任中国成达工程有限公司(以下简称"成达公司")公用工程室给排水专业组助理工程师,现系四川卡森科技有限公司设计师。

2013 年 2 月,成达公司将该项目中的回用水装置和公用辅助设施给排水的地下管网设计工作交由被告人张××负责。

被告人张××在进行地下管网设计时,依据已有的设计条件将工艺流程图中通向雨水系统的 6 根溢流管线走向在管道布置图中变更为通向污水系统,但未充分考虑变更原有工艺流程图可能存在的安全隐患。

2014 年 10 月 7 日 19 时 1 分,东源科技正在建设的 BDO 项目回用水厂房二楼发生爆炸,造成 3 人死亡,2 人重伤,4 人轻伤,回用水厂房及厂房内的部分设备被毁损,直接经济损失约743.6 万元的重大安全生产事故。

经乌海市安全生产监督管理局成立的事故调查组调查认定,事故的发生是由于地下污水总管内的甲烷、氢气等通过 6 根溢流管反串到正在施工建设的回用水厂房,可燃气体长时间积聚并达到爆炸极限,遇操作工打开电灯开关打火引发气体空间爆炸。

被告人张××进行设计时违反《石油化工企业设计防火规范(2018 年版)》(GB 50160—2008)相关规定,未进行危险有害因素辨识便将通向雨水系统的 6 根溢流管线变更为通向污水系统,且未在 6 根溢流管或溢流管汇集总管上设计水封等阻隔装置,对事故负有直接责任。

另查明,事故发生后,被告人张××经公安机关电话传唤,从外地主动到案,并如实供述自己的行为。因涉嫌工程重大安全事故罪,于 2015 年 11 月 25 日被乌海市公安局取保候审。

乌海市乌达区人民检察院指控,成达公司作为设计单位,违反国家规定,降低工程质量标准,造成重大安全生产事故,后果特别严重。

依照《中华人民共和国刑法》第一百三十四条第一款、第六十七条第一款、第七十二条的规定,判决如下:

被告人张××犯工程重大安全事故罪,判处有期徒刑 3 年,缓刑 3 年,并处罚金 100 000 元(缓刑考验期从判决确定之日起计算,罚金在本判决生效后十日内一次性缴纳)。

启示:通过这个故事可以看出,对待工作,我们必须增强法律意识,树立法治观念,保持一丝不苟的工作态度和严谨求实的工作作风,更不能为了一己之私而损害他人利益甚至牺牲他人的生命,更不能贪一时之乐而悔恨终生。

1.2.1　投影的概念与分类

光线照射物体,在地面上或墙面上就会出现影子,影子只能反映物体的外形轮廓,不能表达物体的形状或内部结构,这不符合清晰表达工程物体形状大小的要求,因此,人们对这种自然现象科学地归纳总结,逐步形成了用投影来表示物体形状和大小的方法,即投影法。

1)投影的概念

在制图中,光源称为投影中心,光线称为投射线,光线的射向称为投射方向,落影的平面(如地面、墙面等)称为投影面,影子的轮廓称为投影,用投影表示物体的形状和大小的方法称为投影法,用投影法画出的物体图形称为投影图,如图 1.16 所示。

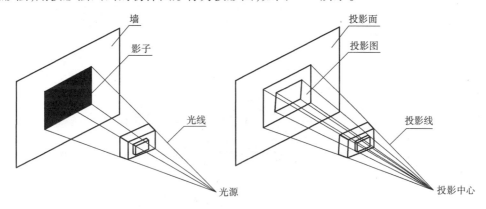

图 1.16　投影图的形成

产生投影必须具备 3 个条件:投射线、投影面、形体(或几何元素)。三者缺一不可,称为投影三要素。

2)投影法的分类

根据投射线的形式不同,投影一般分为中心投影和平行投影两大部分。

(1)中心投影

当所有投射线均从投射中心一点 S 发出,所形成的投影称为中心投影。如图 1.17(a)所示是一个长方形的中心投影,这种投影方法称为中心投影法。由于投射线相交于一点,若物体位置发生变化,则投影也会发生变化。

采用中心投影法绘制的图形,具有较强的立体感,常用于表达建筑物的外貌和机械的造型。但由于不能反映空间物体表面的真实形状和大小,度量性差,因此在工程图样中很少被采用。

(2)平行投影

若将投影中心沿某方向移至无穷远处,可将投射线看成一组平行线,这种投影方法称为平行投影法。根据投射线与投影面垂直与否,投影又分为正投影和斜投影。

①正投影。指投射线垂直于投影面时所作出的平行投影,如图 1.17(b)所示。根据正投影法所画出的图形称为正投影图,简称正投影。

②斜投影。指投射线倾斜于投影面时所作出的平行投影,如图 1.17(c)所示。根据斜投影法所画出的图形称为斜投影图,简称斜投影。

图 1.18 为利用中心投影绘制的某建筑群鸟瞰图。

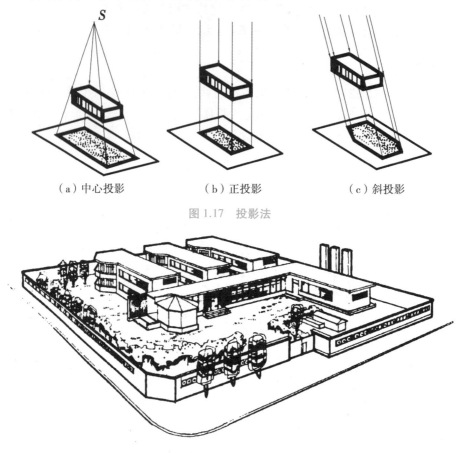

（a）中心投影　　　　　（b）正投影　　　　　（c）斜投影

图 1.17　投影法

图 1.18　中心投影应用——某建筑群鸟瞰图

3)投影图的种类

对于一个形体而言,用不同投影法绘制而成的投影是不相同的,工程上常用的投影图有以下 4 种。

（1）透视投影图

透视投影图是运用中心投影的原理,绘制出物体在一个投影面上的中心投影,简称透视图,如图 1.19 所示。这种图真实、直观、形象、逼真且符合人们的视觉习惯,但绘制复杂且不能在投影图中度量和标注形体的尺寸,所以不能作为施工依据。一般用作工程图的辅助图样。

（2）轴测投影图

轴测投影图是运用平行投影的原理,将物体平行投影到一个投影面上所作出的投影图。该图能在一个投影面上反映出形体的长、宽、高,有很强的立体感,但不能完整地表达形体的形状,作图方法较复杂,度量差,如图 1.20 所示。工程中常用作辅助图样。

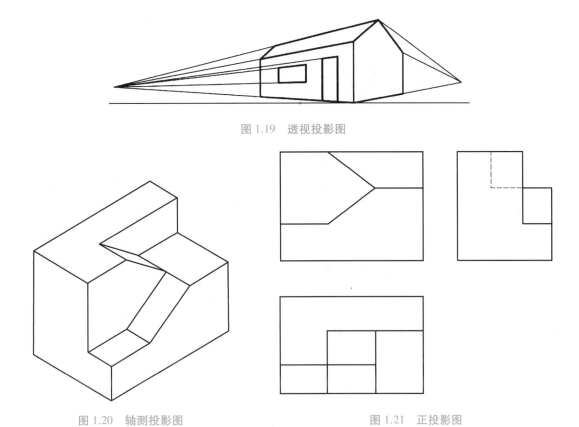

图 1.19　透视投影图

图 1.20　轴测投影图　　　　　　　　　图 1.21　正投影图

（3）正投影图

利用正投影法绘制的投影图称为正投影图,如图 1.21 所示。先要建立投影体系轴测投影图(图 1.20,由若干个投影面组成),然后用正投影方法画出形体在各投影面上的正投影图,即多面正投影图。正投影图的优点:作图较上述方法简便,能准确地反映物体的形状和大小,便于度量和标注尺寸。缺点:立体感差,不易看懂。因此,正投影图是工程图中主要的图示方法。

（4）标高投影图

标高投影图是一种带有高程数字标记的水平正投影图,多用来表达地形及复杂曲面,是假想用一组高差相等的水平面切割地面且将所得的一系列交线(称为等高线)投射在水平投影上并用数字标出这些等高线的高程而得到的投影图(常称为地形图),如图 1.22 所示。

1.2.2　三面正投影图

正面投影、水平投影、侧面投影分别称为正视图、俯视图、侧视图。在建筑工程制图中则分别称为正立面图(简称正面图)、平面图、左侧立面图(简称侧面图)。物体的三面投影图总称为三视图或三面图。一般用三面图就能将不太复杂的形体表达清楚。因此,三视图是工程中常用的图示方法。

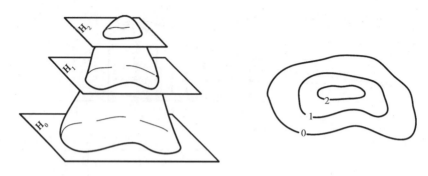

图 1.22　标高投影图

1）正投影特性

正投影的形成条件是投射线互相平行且垂直于投影面。组成形体的基本元素是点、线、面，了解其特性有助于掌握正投影图的画法。

拿铅笔或三角板做个实验。首先让铅笔或三角板平行于桌面，在平行光线下，桌面上的影子与铅笔或三角板的大小一样，这种现象称为"反映实形"；当铅笔从水平位置沿垂直面逐渐倾斜时，发现影子越来越短，这种现象称为"缩变"；继续倾斜旋转至垂直于桌面，这时影子成为点，这种现象称为"积聚"。只要方位不变，抬高或降低一些，影子的形状都不变。如果将铅笔比作一条直线、三角板比作一个平面，那么可以总结出正投影的以下 3 点特性。

（1）类似性

当平面图形倾斜于投影面时，其投影的形状与原平面图形相比，保持了两个不变的性质，即平行关系不变和边数不变。

如图 1.23 所示，$ABCDEF$ 为"L"形，$abcdef$ 也为"L"形。

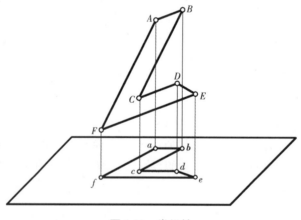

图 1.23　类似性

（2）显实性

当线段或平面图形平行于投影面时，其正投影反映实长或实形，即线段的长短和平面图形的形状和大小都可以在正投影上直接确定，这种性质称为正投影的显实性。

从图 1.24 可以看出，直线 AB 和三角形 ABC 都平行于 H 面，它们的正投影 $ab = AB$，$cde = CDE$，分别反映直线的实长和平面的实形。

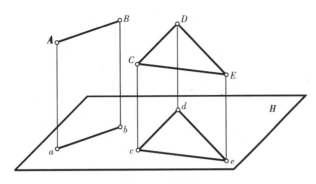

图 1.24　显实性

（3）积聚性

当线段或平面图形垂直于投影面时,线段的正投影积聚为一点,平面图形的正投影积聚为一线段,该投影称为积聚投影,这种性质称为积聚性,如图 1.25 所示。

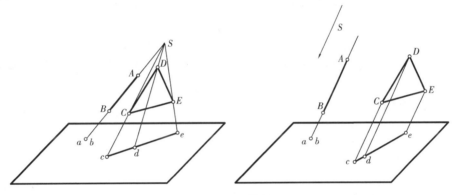

图 1.25　积聚性

2）三面投影图的形成

如图 1.26 所示,空间中有几个不同形状的物体,它们向一个或两个投影面投射时,其投影图都是相同的,这样就无法用一两个投影代表一个物体。可见,仅有物体的一两个投影,不能确定物体的形状大小,因为任何物体具有长、宽、高 3 个方向的尺寸。如果将物体仅向一两个投影面投射,则只能反映一两个面的形状和大小,其表达并不完整。因此,为了完整地表达物体的形状,必须建立一个投影体系,将物体同时向几个投影面投影。

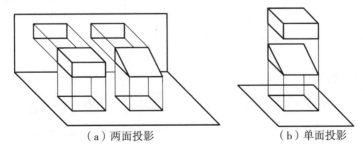

（a）两面投影　　　　　　（b）单面投影

图 1.26　投影图

三面投影体系的建立如下:

①三面正投影的形成。用3个互相垂直的投影面构成一个空间投影体系,即正面V、水平面H、侧面W,把物体放在空间的某一位置固定不动,分别向3个投影面上对物体进行投影,在V面上得到的投影称为主视图,在H面上得到的投影称为俯视图,在W面上得到的投影称为左视图。为了在同一张图纸上画出物体的3个视图,国家标准规定了其展开方法:V面不动,H面绕OX轴向下旋转90°与V面重合,W面绕OZ轴向后旋转90°与V面重合,这样便可把3个互相垂直的投影面展示在同张图纸上。三视图的配置以主视图为基准,俯视图在主视图的下方,左视图在主视图的右方,如图1.27所示。

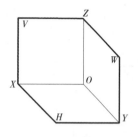

图1.27 三视图投影面图

a.正面投影面V,简称正面。

b.水平投影面H,简称水平面。

c.侧立投影面W,简称侧面。

d.3个投影面之间两两的交线,称为投影轴,分别用OX,OY,OZ表示,3根轴的交点O称为原点。

②三视图的展开。为了更好地展示物体,可以将三视图画在同一个平面上,这就需要把三视图展开。V,H,W 3个面是相互垂直的,正面保持不动,水平面绕OX轴旋转90°,侧面绕OZ轴向右旋转90°。这样3个视图就可以全部展示在同一个平面上。

将实物展开如图1.28、图1.29所示,从图1.28中可以看出,三视图的位置关系是俯视图在主视图正下方,左视图在主视图正右方。3个图的位置不能发生变化,否则就是不规范的图。

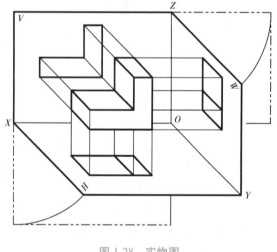

图1.28 实物图

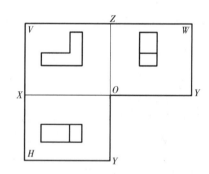

图1.29 三视图

3)三面正投影图的规律

如果把物体的左右尺寸称为长,把前后尺寸称为宽,把上下尺寸称为高,则主、俯视图都反映了物体的长,主、左视图都反映了物体的高,左、俯视图都反映了物体的宽。所以可以归纳出下列3条投影规律。

①主视图与俯视图长对正。

②主视图与左视图高平齐。

③俯视图与左视图宽相等。

这些投影规律称为"三等"关系,即"长对正、高平齐、宽相等",如图 1.30 所示。

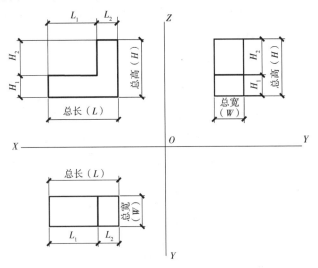

图 1.30　三面投影关系图

4)三面正投影图的制图方法

根据物体或立体图画三视图时,应把物体摆平放正,选择形体主要特征明显的方向作为主视图的投影方向,一般画图步骤如下所述:

在画组合体三视图之前,首先运用形体分析法把组合体分解为若干形体,确定它们的组合形式,判断形体间邻接表面是否处于共面、相切和相交的特殊位置;其次逐个画出形体的三视图;最后对组合体中的垂直面、一般位置面、邻接表面处于共面、相切或相交位置的面、线进行投影分析。当组合体中出现不完整形体、组合柱或复合形体相贯时,可用恢复原形法进行分析。

(1)进行形体分析

把组合体分解为若干形体,可以确定它们的组合形式以及相邻表面间的相互位置,如图 1.28 所示。

(2)确定主视图

三视图中,主视图是最主要的视图。

①确定放置位置。选择组合体的放置位置以自然平稳为原则,并使组合体的表面相对于投影面尽可能多地处于平行或垂直位置。

②确定主视投影方向。应选择最能反映组合体形体特征及各基本体之间的相互位置并能减少俯、左视图上虚线数量的方向作为主视图投影方向。

(3)选比例,定图幅

画图时,应尽量选用 1:1 的比例。这样既便于直接估量组合体的大小,也便于画图。按选定的比例,根据组合体长、宽、高预测出 3 个视图所占的面积,并在视图之间留出标注尺寸的位置和适当的间距,据此选用合适的标准图幅。

（4）布图、画基准线

先固定图纸，然后画出各视图的基准线，以确定每个视图在图纸上的具体位置。基准线指画图时测量尺寸的基准，每个视图需要确定两个方向的基准线。一般常用对称中心线、轴线和较大的平面作为基准线，逐个画出各形体的三视图。

（5）画法

根据各形体的投影规律，逐个画出形体的三视图。画形体的顺序：一般先实（实形体）后空（挖去的形体）；先大（大形体）后小（小形体）；先画轮廓，后画细节。画每个形体时，要将3个视图联系起来，并从能反映形体特征的视图画起，然后按投影规律画出其他两个视图。对称图形、半圆和大于半圆的圆弧要画出对称中心线，回转体一定要画出轴线，对称中心线和轴线用细点画线画出，如图1.31所示。

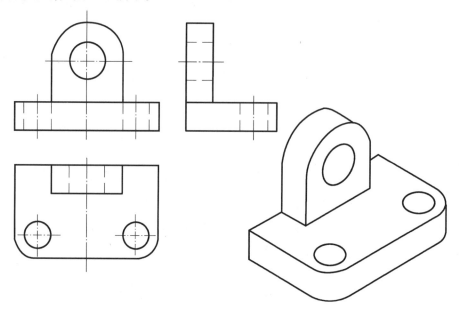

图1.31 构件三视图

（6）检查

检查，描深，最后全面检查。底稿画完后，按形体逐个仔细检查。对形体中的垂直面、一般位置面、形体间邻接表面处于相切、共面或相交特殊位置的面、线，用面、线投影规律重点校核，纠正错误和补充遗漏。按标准图线描深，可见部分用粗实线画出，不可见部分用虚线画出。

（7）实例

以一块砖的投影为例，长、宽、高的尺寸从物体上量取。作图步骤如下：

①画出水平和垂直十字相交线表示投影轴，如图1.32（a）所示。

②一般从V面投影开始画，依据长和高画出正面视图，如图1.32（b）所示。

③根据"三等"关系，正立面投影图和水平面投影图作铅垂线——长对正，在Y轴方向上取宽度，画出水平面视图，如图1.32（c）所示。

④正立面投影图和侧立面投影作水平线——高平齐。水平投影和侧面投影宽相等。作图时从O点作一条向右下斜的45°线，然后在水平投影图上向右引水平线，交到45°线后向上引铅垂线，把水平投影图中的宽反映到侧立面投影中，即可作出侧面视图，如图1.32（d）所示。

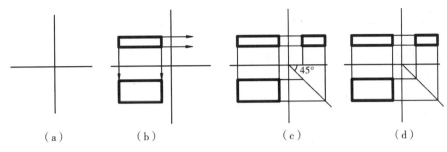

图 1.32　三面正投影图的画法

　　提示:绘制三面投影时,可见的轮廓线用粗实线绘制,不可见的轮廓线用细虚线绘制;3 个投影图与投影轴的距离,反映物体与 3 个投影面的距离;制图时,只要求各投影图之间的相应关系正确,图形与轴线的距离可以灵活安排。

5) 基本几何体的三视图

①圆柱三视图,如图 1.33 所示。

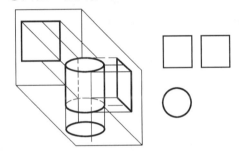

图 1.33　圆柱三视图

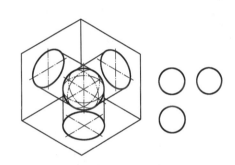

图 1.34　球体三视图

②球体三视图,如图 1.34 所示。

③圆锥三视图,如图 1.35 所示。

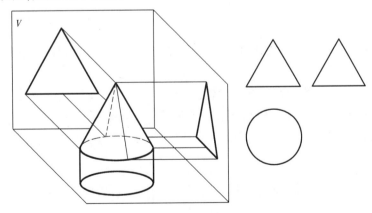

图 1.35　圆锥三视图

【技能训练】

1.下列投影法中不属于平行投影法的是(　　　)。

A.中心投影法　　　B.正投影法　　　C.斜投影法　　　D.点投影法

2.当一条直线平行于投影面时,该投影面反映(　　　)。

A.实形性　　　B.类似性　　　C.积聚性　　　D.全聚性

3.在三视图中,主视图反映物体的(　　　)。

A.长和宽　　　B.长和高　　　C.高和宽　　　D.都不对

4.主视图与俯视图(　　　)。

A.长对正　　　B.高平齐　　　C.宽相等　　　D.都不对

5.平行投影依次可分为(　　　)。

A.中心投影　　　B.正投影　　　C.斜投影　　　D.分散投影

E.单面投影

6.三等关系是指(　　　)。

A.长对正　　　B.高平齐　　　C.高相等　　　D.宽相等

E.长相等

项目 1.3　建筑形体的常用表达方法

建筑业是我国国民经济的重要支柱产业之一,涵盖与建筑生产相关的多种服务内容,包括规划、勘察、设计、建筑物的生产、施工、安装、建成环境运营、维护管理以及相关的咨询和中介服务等,其关联度高、产业链长、就业面广的特性决定在国民经济和社会发展中具有重要作用。

房屋施工图是用来表达建筑物构配件的组成、外形轮廓、平面布置、结构构造及装饰、尺寸、材料做法等的工程图纸,是组织施工和编制预、决算的依据。

一幢房屋,从设计到施工,要由许多专业和不同工种共同配合完成建造。按专业分工不同,房屋施工图可分为建筑施工图、结构施工图、电气施工图、给排水施工图、采暖通风与空气调节施工图及装饰施工图。

本书主要介绍基本视图的表达方法、辅助视图(局部视图、旋转视图、镜像视图)的表达方与识读方法;剖面图的形成、图示方法、剖面图与断面图的区别以及断面图的配置方法;建筑形体的简化表达方法。

【教学目标】

知识目标

1.了解物体的基本视图与辅助视图。
2.了解投影图、剖面图、断面图的区别。
3.掌握投影图、剖面图、断面图的画法。
4.掌握建筑平面图、立面图、剖面图及建筑局部详图的识图方法。

能力目标

1.能够选择合适的视图,绘制需要的投影。
2.能够绘制剖面图。
3.能够绘制断面图。

素质目标

1.培养学生空间思维和逻辑思维能力。
2.通过课前导读案例,让学生学会多方面、多角度地看待、理解社会中的现象,正确合理地表达个人意见,学会爱人与被爱。

【课前导读】

只认图纸的设计师——学会爱人与被爱

一位建筑大师阅历丰富,一生杰作无数,但他自感最大的遗憾是把城市空间弄得支离破碎,而楼房之间的绝对独立加速了都市人情的冷漠。大师准备过完65岁寿辰就封笔,而在封笔之作中,他想打破传统的设计理念,设计一条可以让住户交流和交往的通道,让人们不再隔离,让社会充满大家庭般的欢乐与温馨。

一位颇具胆识和超前意识的房地产商很赞同他的观点,出巨资请他设计。图纸出来后,果然受到业界、学术界和媒体的一致好评,然而等大师的杰作变为现实后,市场反应却非常冷淡乃至创出了楼市新低。

房地产商急了,急忙进行市场调研。调研结果让人大跌眼镜:人们不肯掏钱买这种房的原因竟然是,这样的设计使邻里之间交往多了,不利于处理相互之间的关系;在这样的环境里活动空间大,孩子们不好看管;空间一大,人员复杂,人人担心盗窃之类的事……

大师没想到自己的封笔之作会落得如此下场,心中哀痛万分。他决定从此隐居乡下,不再出山。临行前,他感慨地说:"我只认识图纸不认识人,这是我一生最大的败笔。"

启示:其实,我们可以拆除隔断空间的砖墙,可谁能拆除人与人之间厚厚的心墙呢?心墙不除,人心会因为缺少氧气而枯萎,人会变得忧郁、孤寂。

在交往中,很多时候我们只是应付。我们很少和别人打招呼,也很少和别人搞好关系,只顾着忙自己的事情,寂寞着一个人的寂寞,开心着一个人的开心。这便是冷漠,冷漠地看待世间万物,世界上除了自己之外没有别人。

爱是医治心灵创伤的良药,爱是心灵得以健康生长的沃土。爱,以和谐为轴心,照射出温馨、甜美和幸福。爱把宽容、温暖和幸福带给了亲人、朋友、家庭和社会。无爱的社会太冰冷,无爱的荒原太寂寞。爱能打破冷漠,让尘封已久的心重新温暖起来。

在与人交往时,请将心窗打开,不要吝啬心中的爱,因为只有爱人才会被爱。这样,当陷入困境时,你会得到充满爱心的关怀和帮助。

1.3.1 基本视图与辅助视图

工程形体的形状和结构是多种多样的。要想把它们表达的既完整、清晰,又便于画图、读图,只用前面介绍的三面投影图就难以满足要求。为此,国家标准《技术制图》(如 GB/T 17451—1998、GB/T 17452—1998)和《房屋建筑制图统一标准》(GB/T 50001—2017)规定了一系列的图样表达方法,以供画图时根据形体的具体情况选用。

1)基本视图

视图是物体向投影面投影时所得的图形。在视图中一般只用粗实线画出物体的可见轮廓,必要时可用虚线画出物体的不可见轮廓。常用的识图有基本视图和局部视图。

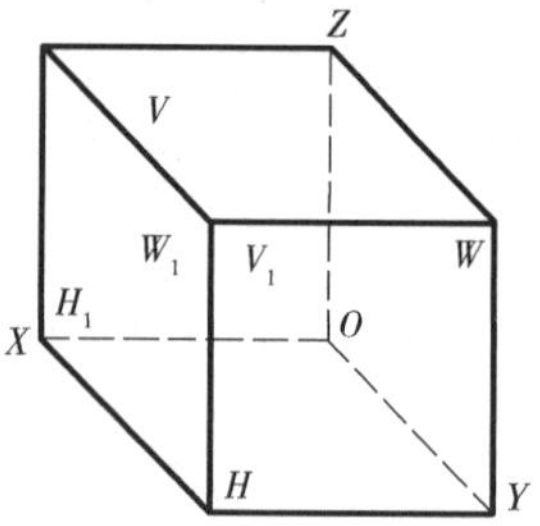

图 1.36 投影的 6 个基本面

对于形状比较复杂的形体,用 2 个或 3 个识图不能完整、清楚地表达它们的内外形状时,为满足工程需要,按国家标准规定,在三面投影体系中增设 3 个分别与 H,V,W 面平行的新投影面 H_1,V_1,W_1 组成一个正六面体。将形体置于由 6 个投影面构成的立方体之中,如图 1.36 所示,图中正六面体的 6 个面为基本投影面,将得到的投影图展开摊平在与 V 面共面的平面上,得到 6 个基本投影图,如图 1.37 所示。基本投影图的名称以及投射方向如下:

①正立面图:由前向后观看建筑形体在 V 面上得到的图形。

②平面图:由上而下观看建筑形体在 H 面上得到的图形。

③左侧立面图:由左向右观看建筑形体在 W 面上得到的图形。

④背立面图:由后向前观看建筑形体在 V_1 面上得到的图形。

⑤底面图:由下向上观看建筑形体在 H_1 面上得到的图形。

⑥右侧立面图:由右向左观看建筑形体在 W_1 面上得到的图形。

为了在同一图纸上得到 6 个基本视图,需要将上述 6 个视图所在的投影面都展开在 V 面所在的平面上。图 1.38 表示展开后的 6 个基本视图的排列位置,在这种情况下,标注图样的名称可以被补充。但是为了合理利用图纸,各图样的顺序宜按主次关系从左到右依次排列,如图 1.39 所示。一般每个图样均应标注图名,图名宜标注在图样的下方,并在图名下绘制粗实横线,其长度应以图名所占长度为准。

虽然形体可以用 6 个基本视图来表达,但实际上要画哪几个视图应视具体情况而定。

图 1.40 为一栋房屋的视图表达方案。

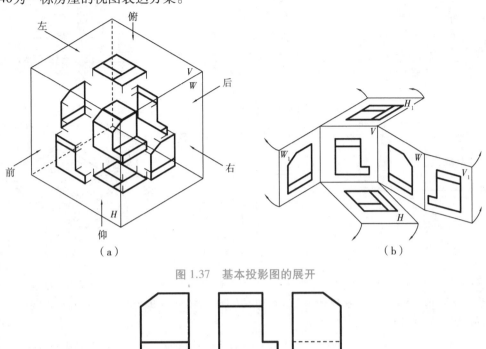

（a）　　　　　　　　　　　　　　　　（b）

图 1.37　基本投影图的展开

右侧立面图　　　正立面图　　　左侧立面图

平面图　　　　底面图　　　背立面图

图 1.38　形体的六面展开图

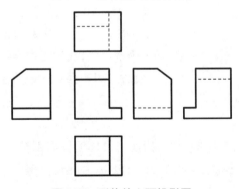

图 1.39　形体的六面投影图

2) 辅助视图

辅助视图是有别于基本视图的视图表达方法，主要用于表达基本视图无法表达或不便于表达的形体结构。下面介绍 3 种常用的辅助视图。

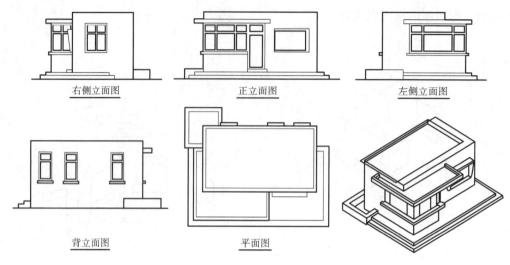

右侧立面图　　　　正立面图　　　　左侧立面图

背立面图　　　　平面图

图 1.40　房屋视图表达方案

（1）局部视图

将形体的某一部分向基本投影面投射，所得的视图称为局部视图，如图 1.41 所示。画局部视图时应注意以下几点：

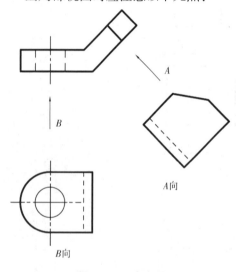

图 1.41　局部视图

①在一般情况下，应在局部视图的下方标注视图的名称"×向"，并在相应的视图附近用箭头指明投影方向，标注同样的字母"×向"，如图 1.41 所示。当局部视图按投影关系配置，中间又没有其他图形隔开时，可省略标注。

②局部视图的断裂边界通常用波浪线表示。

③当局部视图所表示的局部结构是完整的，且外轮廓线又封闭时，波浪线可省略不画。

波浪线作为依附实体上的断裂线时，波浪线不应超出断裂形体的轮廓线，并且不可在形体的中空处绘出，图 1.42 是一块用波浪线断开的空心圆板，用正误对比说明了波浪线的画法。

（2）旋转视图

旋转视图又称为展开视图，如图 1.43 所示。

当形体的某一部分与基本投影面倾斜时，假设将形体的倾斜部分旋转到与某一选定的基本投影面平行，然后向该基本投影面投影，所得的视图称为旋转视图（又称展开视图），用于表达形体上倾斜部分的结构外形。

房屋中间部分的墙面平行于正立投影面，在正面上反映实形，而左右两侧面与正立投影面倾斜，其投影图不反映实形。为此，可假设将左右两侧墙面展至和中间墙面在同一平面上，这时向正立投影面投影，则可以反映左右两侧墙面的实形。展开视图可以省略标注旋转方向及字母，但应在图名后加注"展开"字样。

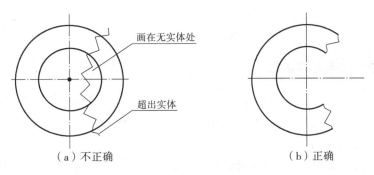

图 1.42　波浪线的画法

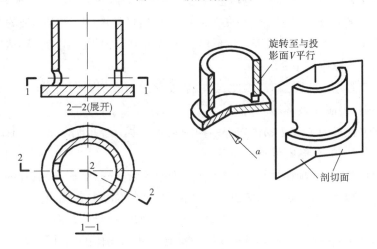

图 1.43　旋转视图

（3）镜像视图

把镜面放在形体的下面,代替水平投影面,在镜面中反射得到的图像称为镜像视图,如图1.44 所示。

当直接用正投影法所绘制的图样虚线较多而不易表达清楚某些工程构造的真实情况时,可用镜像投影法绘制,但应在图名后注写"镜像"两字。

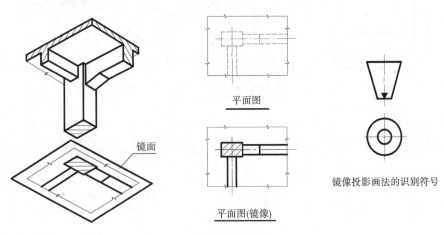

图 1.44　镜像视图

1.3.2 剖面图

1)剖面图的形成与基本规则

在工程图中,物体上可见的轮廓线一般用粗实线表示,不可见的轮廓线用虚线表示。当物体的内部构造复杂时,投影图中就会出现很多虚线,因而使图线重叠,不能清晰地表示出物体,也不利于标注尺寸和读图。

为了直接表达清楚形体内部的结构形状,可假想用剖切面将形体剖开,将处在观察者和剖切面之间的部分移去,让形体的内部构造显露出来,使形体看不见的部分变成看得见的部分,然后将其余部分向投影面进行投影,并在截断面上画出材料图例,这样得到的图形称为剖面图,如图 1.45 所示。剖面图主要用来表达形体的内部结构,是工程上广泛采用的投影图。

作剖面图的基本原则如下:

①剖切是一个假想的作图过程,因此,当一个投影图画成剖面图时,没有被剖切的其他投影图不受剖切影响,仍应完整画出。

②确定剖切位置。为了表达物体内部结构的真实形状,剖切面的位置一般应平行于投影面,且与物体内部结构的对称面或轴线重合。

③画剖面图轮廓线。先画剖切面与物体接触部分的轮廓线,然后画剖切面后可见轮廓线,在剖面图中,凡剖切面切到的断面轮廓以及剖切面后的可见轮廓,都用粗实线画出。

④画断面材料符号。在剖面图上,剖切面与物体接触的部分称为断面。国家标准规定,在断面上应画出该物体的材料符号,详见表 1.4,这样便于想象物体的内外形状并可区别于视图。

⑤剖面图中一般不画虚线。

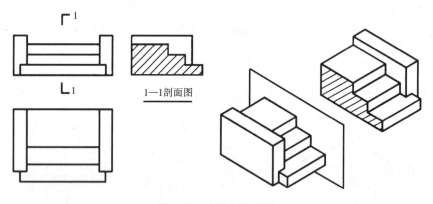

图 1.45 台阶的剖面图

表 1.4 常用建筑材料图例

序号	名称	图例	备注
1	自然土壤		包括各种自然土壤
2	夯实土壤	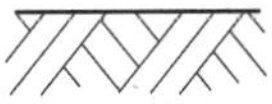	
3	砂、灰土		
4	砂砾石、碎砖、三合土	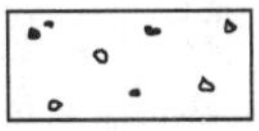	
5	石材	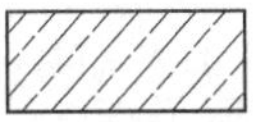	
6	毛石	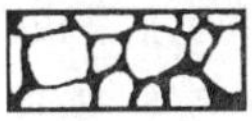	
7	普通砖	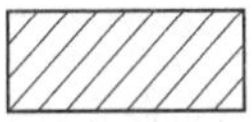	包括实心砖、多孔砖、砌块等砌体。断面较窄不易绘出图例时,可涂红,并在图纸备注中加注,画出该材料图例
8	耐火砖	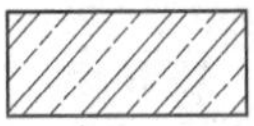	包括耐酸砖等砌体
9	空心砖	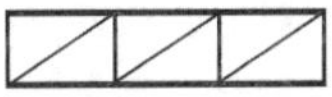	指非承重砖砌体
10	饰面砖		包括铺地砖、马赛克、陶瓷锦砖、人造大理石等
11	焦渣、矿渣	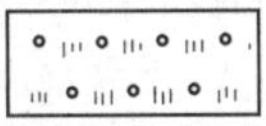	包括与水泥、石灰等混合而成的材料
12	混凝土	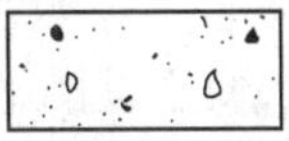	1.本图例指能承重的混凝土及钢筋混凝土;
13	钢筋混凝土	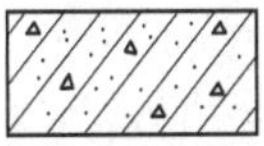	2.包括各种强度等级、骨料、添加剂的混凝土; 3.在剖面图上画出钢筋时,不画图例线; 4.断面图形小、不易画出图例线时,可涂黑
14	多孔材料	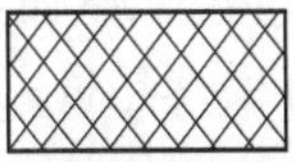	包括水泥珍珠岩、沥青珍珠岩、泡沫混凝土、非承重加气混凝土、软木、蛭石制品等
15	纤维材料	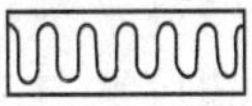	包括矿棉、岩棉、玻璃棉、麻丝、木丝板、纤维板等
16	泡沫塑料材料	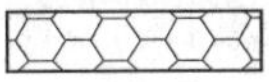	包括聚苯乙烯、聚乙烯、聚氨酯等多孔聚合物类材料
17	木材	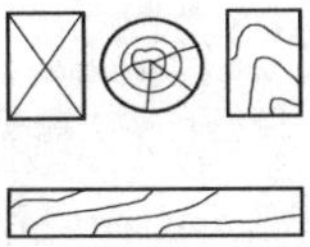	1.上图为横断面,上左图为垫木、木砖或木龙骨; 2.下图为纵断面
18	胶合板	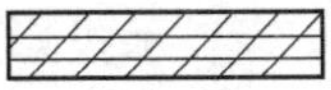	应注明为×层胶合板

续表

序号	名称	图例	备注
19	石膏板		包括圆孔、方孔石膏板、防水石膏板、硅钙板、防火板等
20	金属		1.包括各种金属； 2.图形小时，可涂黑
21	网状材料		1.包括金属、塑料网状材料； 2.应注明具体材料名称
22	液体		应注明具体液体名称
23	玻璃		包括平板玻璃、磨砂玻璃、夹丝玻璃、钢化玻璃、中空玻璃、夹层玻璃、镀膜玻璃等
24	橡胶		
25	塑料		包括各种软、硬塑料及有机玻璃等
26	防水材料		构造层次多或比例大时，采用上图例
27	粉刷		本图例采用较稀的点

注:序号图例中的斜线、短斜线、交叉斜线等均为45°。

2) 剖面图的标注

为了说明剖面图与有关识图之间的投影关系，便于读图，一般均应加以标注。标注中应注明剖切位置、投影方向和剖面图的名称。

（1）剖切位置

作剖面图时，一般都使剖切平面平行于基本投影面，从而使断面的投影反映实形。剖切平面既然是投影面平行面，在它所垂直的投影面上的投影就会积聚成一条直线，这条直线表示剖切位置，称为剖切位置线，简称剖切线。在投影图中，用断开的两段短粗实线表示剖切线，长为6~10 mm，如图1.46所示。

（2）投影方向

为了表明剖切后剩下部分形体的投影方向，在剖切线的外侧各画一段与之垂直的短粗实线表示投影方向，长为4~6 mm，如图1.46所示。

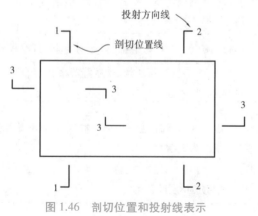

图1.46 剖切位置和投射线表示

（3）编号

①在投影方向线端注写剖切符号的编号，如图 1.47 所示的 1—1。

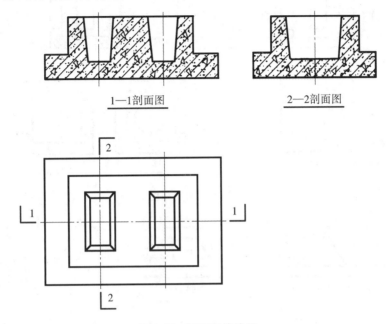

图 1.47 剖面图的编号

②在制图下方标注剖面图名称，如"剖面图"，在图名下绘制粗实横线，其长度应以图名所占长度为准，如图 1.47 所示的"1—1 剖面图"与剖切符号的编号对应。

剖面图的名称写在相应剖面图的下方，注出相同的两个字母或数字，中间加一条横线，如 $A—A,1—1$。

3）剖面图的类型

（1）全剖面图

不对称的建筑形体，或虽然对称但外形比较简单，或在另一个投影中已将它的外形表达清楚时，可假想用一个剖切平面将形体全部剖开，然后画出形体的剖面图，该剖面图称为全剖面图，如图 1.48 所示。

（2）半剖面图

如果被剖切的形体是对称的，画图时常把投影图的一半画成剖面图，另一半画成形体的外形图，所组合而成的投影图称为半剖面图。

如图 1.49 所示为一个杯形基础的半剖面图。在正面投影和侧面投影中，都采用了半剖面图的画法，以表示基础的内部构造和外部形状。

在画半剖面图时，应注意以下 3 点：

①半剖面图与半外形投影图应以对称轴线作为分界线，即画成细单点长画线。

②半剖面图一般应画在水平对称轴线的下侧或垂直对称轴线的右侧。

③半剖面图一般不画剖切符号。

（3）阶梯剖面图

当物体内部结构层次较多时，用一个剖切平面不能将物体内部结构全部表达出来，这时可

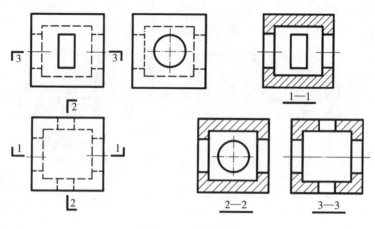

图 1.48　全剖面图

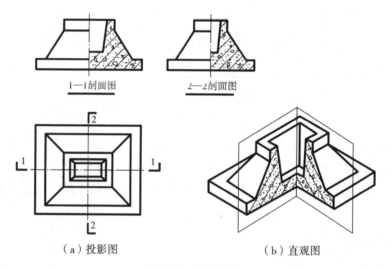

（a）投影图　　　　　　　（b）直观图

图 1.49　半剖面图

以用几个相互平行的平面剖切物体,这几个相互平行的平面可以是一个剖切面转折成几个相互平行的平面,这样得到的剖面图称为阶梯剖面图,如图 1.50 所示。

在阶梯剖面图中,可不画出两剖切平面的分界线,还应避免剖切平面在视图中的轮廓位置上的转折。转折成的断面形状完全相同。

（4）局部剖面图

当只需要表达形体的某局部的内部构造时,用剖切平面局部地剖切物体,只作部分剖切面,该图称为局部剖面图,如图 1.51 所示。

局部剖面图只是物体整个外形投影图中的一部分,一般不标注剖切位置。局部剖面与外形之间用波浪线分界。波浪线不得与轮廓线重合,也不得超出轮廓线,在开口处也不能有轮廓线。

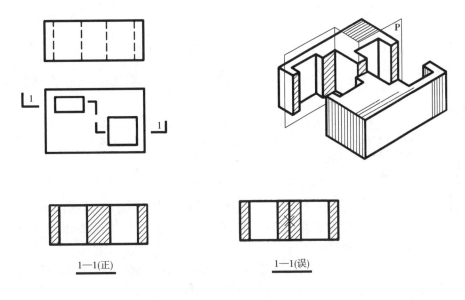

1—1(正)　　　　　　　　　1—1(误)

图 1.50 阶梯剖面图

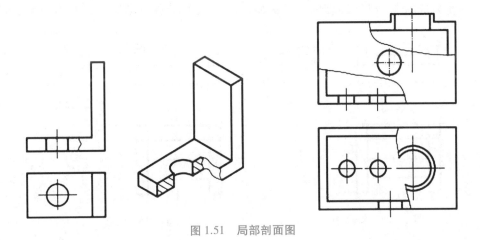

图 1.51 局部剖面图

1.3.3 断面图

1) 断面图的形成

断面图是用假想的剖切平面将物体切开,移开剖切平面与观察者之间的部分,用正投影的方法,仅画出物体与剖切平面接触部分的平面图形,而剖切后按投影方向可能看到形体的其他部分的投影不画,并在图形内画上相应的材料图例的投影图,如图 1.52 所示。

断面图的标注方法如下:

①用剖切位置线表示剖切平面的位置,用长度为 6~10 mm 的粗实线绘制。

②在剖切位置线的一侧标注剖切符号编号,编号所在的一侧表示该断面剖切后的投影方向。

③在断面图下方标注断面图的名称,如"×—×",并在图名下画一粗实线,长度以图名所占

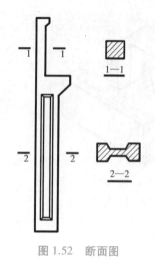

图 1.52　断面图

长度为准。

2)剖面图和断面图的联系与区别

如图 1.53 所示的断面图与剖面图比较,可得剖面图与断面图的联系如下:

①剖面图中包含断面图,断面图是剖面图的一部分。

②在形体剖面图和断面图中,被剖切平面剖到的轮廓线都用粗实线绘制。

剖面图与断面图的区别如下:

①在画法上,断面图只画出物体被剖开后断面的投影,而剖面图除了要画出断面的投影,还要画出物体被剖开剩余部分的全部投影。

②剖切编号不同。剖面图用剖切位置线、投影方向线和编号表示,断面图只画剖切位置与编号,用编号的注写位置来代表投射方向。

③剖面图的剖切平面可以转折,断面的剖切平面不能转折。

④剖面图常用来表达物体的内部形状和结构,断面图常用来表达物体中某一局部的断面形状。

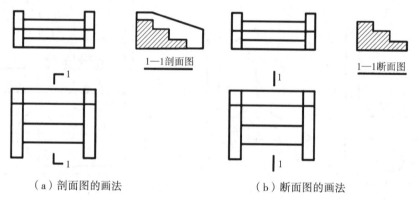

（a）剖面图的画法　　　　　　　　（b）断面图的画法

图 1.53　剖面图与断面图对比

3)断面图的类型与应用

(1)移出断面图

画在投影图以外的断面图称为移出断面图,其轮廓线用粗实线绘制。

移出断面图应尽量配置在剖切位置线的延长线上,必要时也可以移出断面图,配置在其他适当的位置,在移出断面图下方应标注与剖切符号相应的编号,如图 1.54 所示。

(2)中断断面图

对于某些比较长的构件,可以将断面图画在投影图的中断处,称为中断断面图,其轮廓线用粗实线绘制,投影图的中断处用波浪线或折断线绘制,如图 1.55 所示,这时不用画剖切符号。

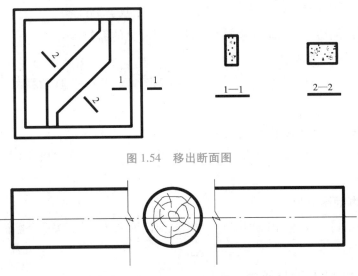

图 1.54　移出断面图

图 1.55　中断断面图

（3）重合断面图

为了方便读图,一些投影图将断面图画在投影图内,称为重合断面图,其轮廓线用细实线画出。

重合断面图的比例应与原投影图一致。断面轮廓线可能是闭合的,如图 1.56 所示,也可能是不闭合的,如图 1.57 所示,此时应于断面轮廓线的内侧加画图例符号。

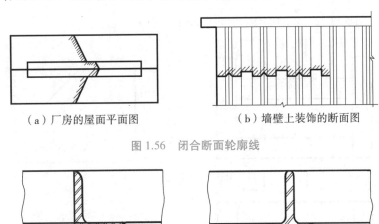

（a）厂房的屋面平面图　　　（b）墙壁上装饰的断面图

图 1.56　闭合断面轮廓线

图 1.57　不闭合断面轮廓线

【技能训练】

1.下列关于剖面图和断面图的说法错误的是（　　　）。

A.剖面图和断面图之间是有区别的

B.剖面图和断面图之间是没有区别的

C.断面图只画形体被剖切后剖切平面与形体接触到的部分

D.剖面图画出剖切平面后面没有被切到但可以看见的部分

E.断面图画出剖切平面后面没有被切到但可以看见的部分

2.工程中所谓的三视图是指(　　)。

　A.正视图　　　　　B.侧视图　　　　　C.俯视图　　　　　D.透视图

　E.轴测图

3.一个完整的尺寸应该包括(　　)。

　A.尺寸界限　　　B.尺寸线　　　　　C.尺寸标注　　　　D.尺寸起止符号

　E.尺寸数字

4.结构图中断面图分为(　　)。

　A.空间断面图　　B.移出断面图　　C.几何断面图　　　D.重合断面图

　E.中断断面图

5.下列投影图中正确的1—1剖面图是(　　)。

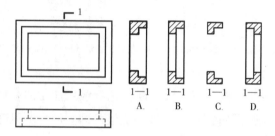

6.画出 1—1 断面图、2—2 剖面图(钢筋混凝土材料)。

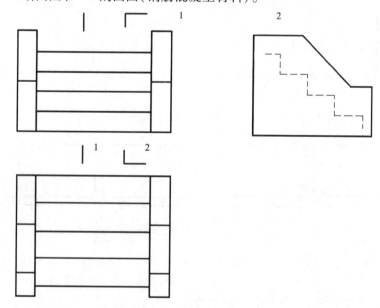

7.作 1—1 断面图、2—2 剖面图。

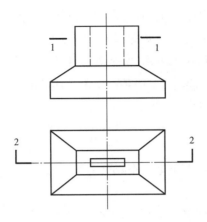

项目 1.4　计算机制图——AutoCAD 基础

【教学目标】

知识目标

1.了解 AutoCAD 基本知识。

2.掌握 AutoCAD 基本操作。

3.掌握基本绘图和图形编辑命令。

能力目标

1.能够使用绘图辅助工具。

2.能够设置图层。

3.能够绘制简单的图形。

素质目标

1.具有获取、分析、归纳、交流使用信息的能力。

2.具有自学能力、理解能力、表达能力和沟通与交流能力。

【课前导读】

几则小故事告诉你图纸应该这样管理

故事 1:企业新产品被频繁"复制",原因竟是车间工人泄露图纸——核心图纸数据的安全是企业长久发展的保证。

浙江某知名机床企业,凭借行业最顶尖的技术和实力一直占据着行业大部分市场份额。

近期,新一代机床产品经过漫长的产品研发和市场验证终于投入生产。新产品一经上市就收获了非常高的市场回报,这款产品也成为这家企业的王牌产品。但是一个月后周边大大小小50多家机床企业也开始生产类似产品,这家公司的销售业绩也因此受到重挫。之后,该公司对产品相关的各环节进行彻查,原来,车间工人张某将产品的图纸通过低价卖给同行业多家企业,且此人和其他企业已多次合作,不止一次泄露图纸给竞争对手。

车间工人为了自己的蝇头小利,致使企业新产品频繁被"复制",企业无法保证核心竞争力,谁之过?

事实上,保证企业的技术安全是每个企业长久发展的保证,而核心图纸数据的安全性更是重中之重。

试想,如果生产车间不再打印纸质图纸,车间工人还有倒卖图纸的便利吗? 实现生产车间无纸化,就可以杜绝这一现象。

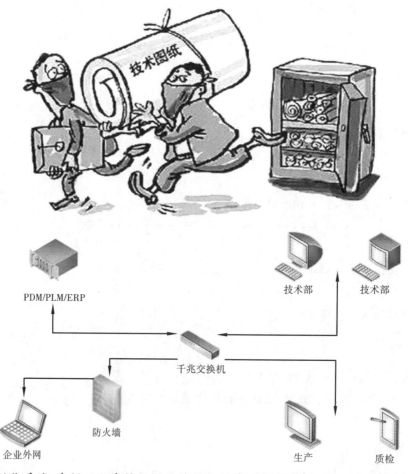

通过无纸化系统,车间工人直接扫描二维码从服务器调阅电子图纸,在整个过程中,工人只能查看图纸,终端中并不能生成缓存,同时图纸打开时间与二维码可以设置有效期限,过时图纸就会自动关闭,二维码也会自动失效。最后通过不同工位或者工种控制调阅权限,从根本上确保了企业图纸安全,为数据打造可靠、安全的保障。

故事2:使用错误的图纸版本,导致产品生产出错,产品报废——车间图纸的准确性可消

除企业隐形成本。

　　小王是一家机械厂的车间加工人员,最近厂里因为要赶一批订单而频繁加班。但是待到交货时,却被告知有一批货不合格。究其原因,原来是设计师变更了图纸,由于该批产品的图纸版本较多,小王在加工时还是按照之前的图纸操作,所有小王经手的产品都不合格。因此,厂里交付产品的周期不得不延长,不仅赔偿了违约金,之前那批不合格的产品也只能作为报废产品处理。最终,小王所在的部门受到厂里的严厉批评,小王的奖金也被扣掉。

　　设计方案变更对于每个制造企业都是不可避免的一件事,一旦方案变更,车间就需要将与方案相关的图纸重新打印,版本一旦多了,车间人员弄错也在所难免。因此,保证生产车间图纸版本的准确性是非常必要的。

　　车间使用电子图纸可以解决这一现状。管理人员根据生产清单可以批量生成二维码,工人通过专业设备扫描二维码,读取相应的电子图纸,查看生产任务并工作。

　　这样一来,车间就不用再像常规生产一样打印大量图纸,有效降低了错误率,加强了图纸管理,以及提高了工人查图、看图的效率,从而提高企业整体的生产效率,消除了因图纸版本错误而导致的原材料报废、生产周期过长等隐性成本。

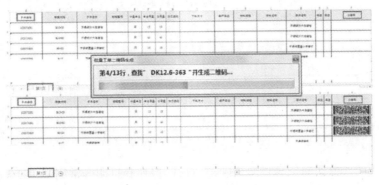

　　故事 3:车间图纸回收、归档工作步履维艰——图纸自动回收,快速归档。

　　分管生产车间的王总最近有点头疼,因为车间负责图纸管理的小王离职了。公司 HR 招的好几位新人,都是上几天班就不来了。HR也帮忙询问了原因,无非是因为图纸发放、回收和归档工作量大,新人们受不了。由于少了人手,图纸归档的另一个员工怨声不断,几次要求加工资。

实际上,为了有效管理车间图纸,王总已经配备了两个专职人员,这两个人一年的工资也要10多万元,为了存放图纸,车间还专门腾出一间仓库。即使在这种情况下,车间的图纸还是会经常性发生回收不全、回收难等现象,甚至图纸失窃事件也频频发生。

如果通过扫二维码签收图纸并自定义有效期限,签收信息自动采集回服务器,到了对应的生产时间节点,图纸自动回收,这样岂不能摆脱这一困局?待到图纸通过系统有效管理后,王总估计可以省下人力成本这一笔开支了。

1.4.1　计算机绘图的基本知识与操作

1) AutoCAD 简介

启动 AutoCAD 软件,系统将默认进入"草图与注释"工作空间,"草图与注释"工作空间包含菜单、工具栏、工具选项和状态栏等。

（1）菜单浏览器

单击窗口左上角按钮,将打开文档浏览器。在该浏览器中左侧为常用的工具,右侧为最近打开的文档,并且可以指定文档名的显示方式,以便更好地分辨文档,效果如图 1.58 所示。

图 1.58　选项

（2）快捷工具栏

标题栏左边的快速访问工具栏包含新建、打开、保存和打印等常用工具。如果有必要还可以将其他常用的工具放置在该工具栏中,效果如图 1.59 所示。

图 1.59　快捷工具栏

（3）功能区

功能区是显示基于任务的命令和控件的选项板,基本包括了创建文件所需的所有工具,如图 1.60 所示。

图 1.60　功能区

（4）状态栏

状态栏位于整个界面的最底端,如图 1.61 所示。它的左边用于显示 AutoCAD 当前光标的状态信息,包括 X,Y,Z 这 3 个方向的坐标值。右边则显示一些具有特殊功能的按钮,一般包括捕捉、栅格、动态输入、正交和极轴等。

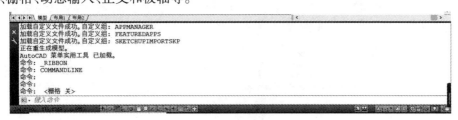

图 1.61　状态栏

单击下拉菜单栏中的“工具”→“选项”命令,弹出“选项”对话框,如图 1.62 所示,选择“显示”选项卡,修改背景颜色。

2）图形文件的管理

（1）新建文件

要创建新的图形文件,可在快捷工具栏中单击“新建”按钮,将打开“选择样板”对话框,如图 1.63 所示,在该对话框中可以选择一个模板来创建新的图形,日常设计中最常用的是 acad 样板和 acadiso 样板。

图 1.62 "选项"对话框

图 1.63 "选项样板"对话框

(2)打开图形文件

需要将一个已经保存在本地存储设备上的文件调出来编辑,可以直接在快捷工具栏中单击"打开"按钮,将打开"选择文件"对话框,如图 1.64 所示。

该方式是最常用的打开方式。用户可以在"选择文件"对话框中双击相应的文件,或者选择相应的图形文件,单击"打开"按钮即可。

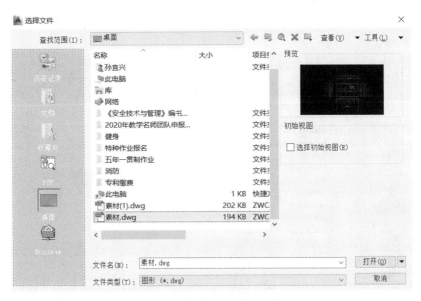

图 1.64 "选择文件"对话框

（3）保存文件

在使用 AutoCAD 软件绘图的过程中，为了防止一些突发情况，如电源被切断、错误编辑和其他故障，应每隔 10~15 min 保存一次所绘的图形，定期保存绘制图形，尽可能做到防患于未然。

在空白处单击鼠标右键，在打开的快捷菜单中选择选项命令，然后在打开的对话框中切换至"打开和保存"选项卡，如图 1.65 所示。

图 1.65 "打开和保存"选项卡

在该选项卡中启用自动保存，并在"保存间隔分钟数"文本框中输入数值。这样在 AutoCAD 绘图过程中，将以该数字为间隔时间自动对文件存盘。

新建文件后，第一次保存，打开"图形另存为"对话框，如图 1.66 所示。然后在该对话框中输入图形文件的名称，单击"保存"按钮即可。要保存正在编辑或者已经编辑好的图形文件，可以直接在快捷工具栏中单击"保存"按钮,或者使用快捷键"Ctrl+S"保存当前文件。

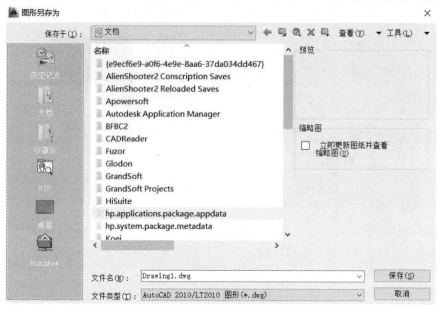

图 1.66　"图形另存为"对话框

3)绘图辅助工具

（1）对象捕捉

对象捕捉是一种特殊点的输入方法,可以精确捕捉某些点,辅助精确、快速地绘图。

在键盘上按功能键 F9,连续单击可以在开、关状态间切换。输入命令 OS,弹出选择"对象捕捉"选项卡,如图 1.67 所示。

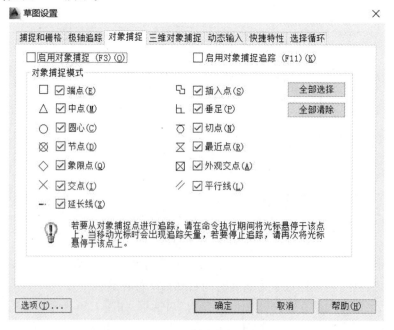

图 1.67　"对象捕捉"选项卡

（2）栅格

栅格的作用是对齐对象并直观显示对象之间的距离,从而达到精确绘图的目的。在键盘上按功能键 F7 可以开关栅格功能。

（3）正交

打开正交模式,可以将光标限制在水平或垂直方向上移动,以便于精确地创建和修改对象。在键盘上按功能键 F8 可以开关正交功能。

（4）视图缩放

在绘图时,为了能够更好地观看局部或全部图形,需要对图形的显示大小进行缩放,便于用户观察图形,进行绘图工作。启动 ZOOM 命令的方法是在命令行中输入命令 Z 并回车,如图 1.68 所示。

图 1.68　视图缩放命令行窗口

4）图层设置

在 AutoCAD 中,图层相当于绘图中使用的重叠图纸,一个完整的 CAD 图形通常由一个或多个图层组成。AutoCAD 把线型、线宽、颜色等作为对象的基本特性,用图层来管理这些特性。通过创建图层,用户可以将类型相似的图形对象指定给同一图层以使其相关联,可以方便地控制各图层对象的颜色、线型、线宽、可见性等特性,还可以使用图层控制对象的可见性,也可以锁定图层以防止意外修改对象。

（1）图层特性管理器

同一图形中有大量的图层时,可以根据图层的特征或特性对图层进行查找,将具有某种共同特点的图层过滤出来。过滤的途径分为通过状态过滤、用层名过滤、用颜色和线型过滤。

图层特性管理器可以添加、删除和重命名图层或更改图层特性,如图 1.69 所示。可控制将在列表中显示的图层,也可以用于同时更改多个图层。命令行中输入 LAYER 可以打开图层特性管理器。

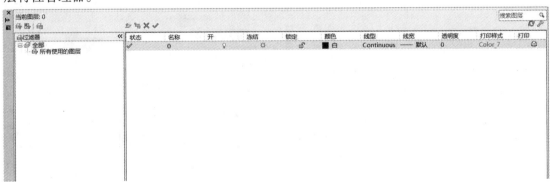

图 1.69　图层特性管理器

（2）设置图层

图层相当于使用多张重叠的图纸进行绘图,是绘制图形的主要组织工具。通常,在绘制图形之前,需要先设置图层,这样便于编辑和管理图形文件。通过设置图层,可以改变图层的线型、颜色、线宽、状态、名称、打开、关闭以及冻结、解冻等特性,极大地提高了绘图速度和效率。

创建和命名图层。根据需要,给每个图层指定新的颜色、线型、线宽和打印样式。如果在创建新图层之前选中了一个现有的图层,新建的图层将继承所选定图层的特性,如图1.70所示。

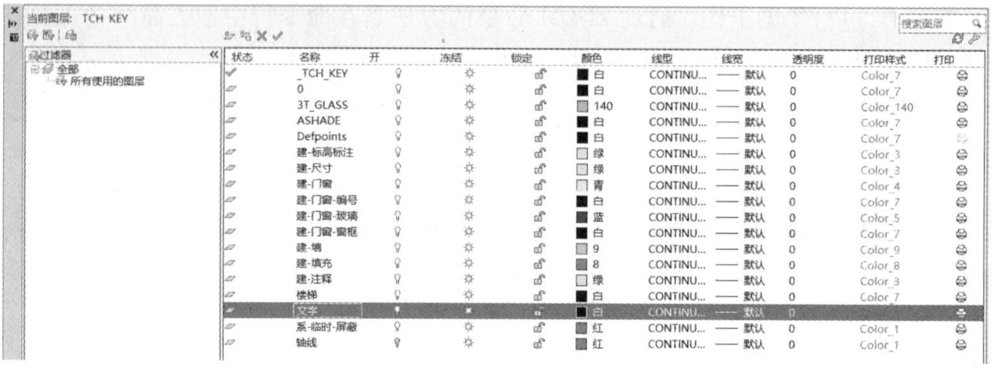

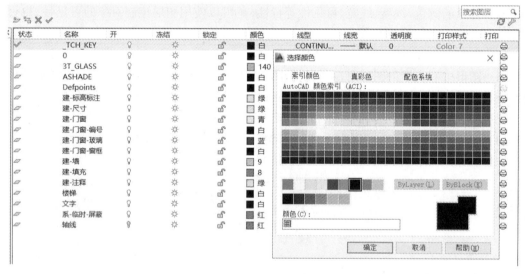

图1.70　创建和命名图层

①设置图层颜色。

单击颜色图标按钮,打开"选择颜色"对话框,如图1.71所示。

图1.71　"选择颜色"对话框

②设置线型。

单击线型图标按钮,打开"选择线型"对话框,单击"加载"按钮,可以选择各种需要的线型,如图1.72所示。

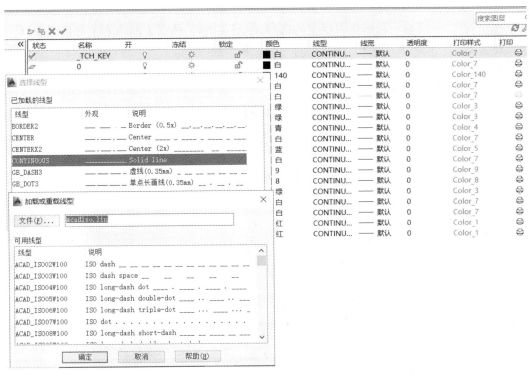

图 1.72 "选择线型"对话框

③设置线宽。

单击线型图标按钮,打开"线宽"对话框,可以选择各种需要的线宽,如图 1.73 所示。

图 1.73 "线宽"对话框

(3)控制图层状态

通过调整图层状态,可以隐藏或冻结位于图层中的图形对象。要调整图层状态,可展开选项卡面板中"图层"下拉列表,然后根据需要单击要调整的图层名称前的相应图标。

①开/关图层。

图层打开时,可显示和编辑图层上的内容;图层关闭时,图层上的内容全部被隐藏,且不可被编辑或打印。切换图层的开/关状态时不会重新生成图形。

②冻结/解冻图层。

冻结图层时,图层上的内容全部隐藏,且不可被编辑或打印,从而可缩短复杂图形的重生成时间。已冻结图层上的对象不可见,并且不会遮盖其他对象。解冻一个或多个图层将导致重新生成图形。冻结和解冻图层比打开和关闭图层需要更多时间。

③锁定/解锁。

锁定图层时,图层上的内容仍然可见,并且能够捕捉或添加新对象,但不能编辑和修改。

5)打印出图

(1)打开打印对话框

在顶部快速访问工具栏,单击"打印"按钮、直接输入 PLOT 命令或者按下"Ctrl+P",打开"打印"对话框,如图 1.74 所示。

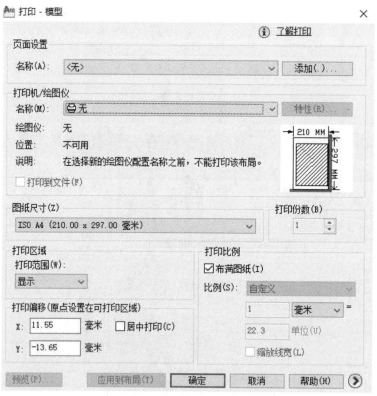

图 1.74　打印对话框

(2)选择打印机/绘图仪

打印驱动可以分为以下两种,如图 1.75 所示。

①真实出图的设备,包括小幅面的打印机和大幅面的绘图仪。

②虚拟打印驱动,用于输出 PDF,JPG,EPS,DWF 等各种文件。

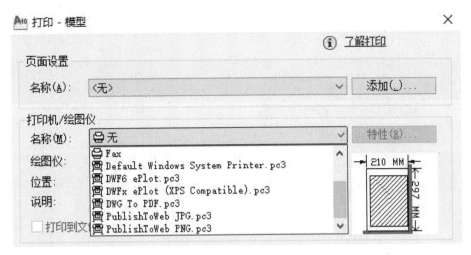

图 1.75　选择打印机/绘图仪

(3)选择纸张

选择打印机后,纸张列表就会更新出打印机支持的各种纸张,一般情况下在这个列表中选取一种合适的纸张,也可以自定义纸张尺寸,如图 1.76 所示。

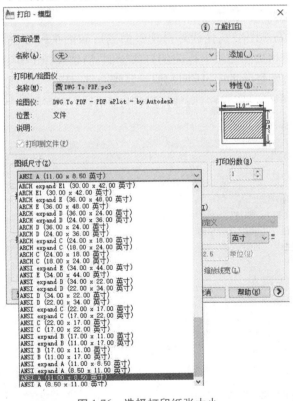

图 1.76　选择打印纸张大小

(4)设置打印区域

打印区域默认选项是"显示",也就是当前图形窗口显示的内容,可以设置为窗口、范围(所有图形)、图形界限(LIMITS 设置的范围),如图 1.77 所示。如果切换到"布局",图形界限选项会变成布局。

图 1.77 设置打印区域

(5)设置打印比例

随意看图一般选"布满图纸",让软件自动根据图形和纸张尺寸去计算比例,如图 1.78 所示。正式打印就需要严格按照图纸上标明的打印比例,例如选择 1:2。

通过预览可以检查图纸的方向、比例和位置是否合适,然后可以根据需要调整图纸的横纵向,设置居中打印和图形的位置偏移,调整好后确定出图。

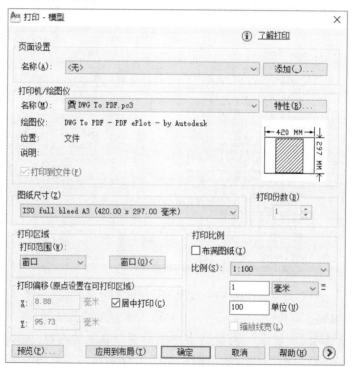

图 1.78 设置打印比例

（6）设置打印样式表

设计图纸是有格式要求的，比如每种线宽分别是多少，对颜色有什么要求，还有端点、填充、淡显等一系列内容。下面以黑白图的打印样式为例进行介绍。

单击"打印样式"一栏后面的小框，弹出打印样式表编辑器，如图 1.79 所示。

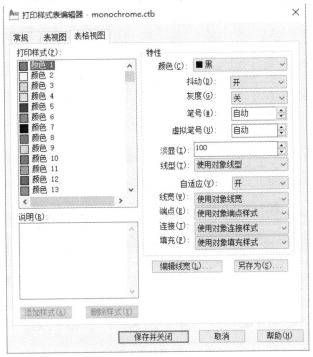

图 1.79　设置打印样式表

把所有颜色选中并设置为黑色，具体操作为选中颜色 1，按住"Shift"键选择颜色 255，将右边颜色设置为黑色；线宽一般粗实线（黑线）设置 0.45，细实线（其他所有颜色线）设置 0.15；如果有其他要求就按照要求设置，设置方法类似于颜色设置。如果打印彩图，设置方法同理，不要改变颜色就可以，最后单击"保存"按钮即可。

1.4.2　基本绘图命令与图形编辑

1）基本绘图命令

（1）点绘图命令与图形编辑

点在实际的绘图中起到标记作用，作为节点或参照几何图形，对对象捕捉和相对偏移。

①点样式

菜单栏：选择"格式"→"点样式"（图 1.80）。

②等分

A.定数等分。在所选对象上按指定数目等间距创建点或插入块。这个操作并不将对象实际等分为单独的对象，而是标明定数等分的位置，作为辅助参考点，如图 1.81 所示。

输入定数等分命令 div。

B.定距等分。在选定的对象上按指定的长度创建点或插入块，如图 1.82 所示。

输入定距等分命令 me。

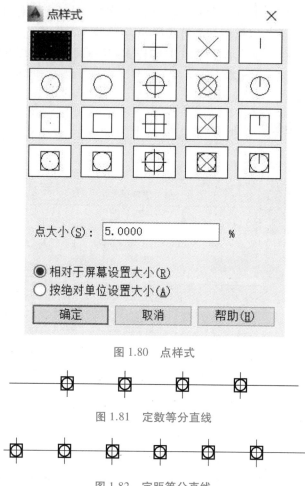

图 1.80　点样式

图 1.81　定数等分直线

图 1.82　定距等分直线

（2）线绘图命令与图形编辑

①直线

A.一般直线。输入直线命令 L,然后在绘图区指定直线的起点,并在命令行中设置直线的长度,按回车键即可。

B.两点直线。两点直线是由绘图区中选取的两点确定的直线类型,其中所选两点决定了直线的长度和位置。输入直线命令 L,在绘图区依次指定两点作为直线要通过的两个点即可确定一条直线段。

C.成角度直线。成角度直线是一种与 X 轴方向成一定角度的直线。如果设置的角度为正值,则直线绕起点逆时针方向旋转;反之,直线绕顺时针方向旋转。

输入直线命令 L,指定一点为起点,然后在命令行中输入"@ 长度<角度",并按回车键结束该操作即可。

②多线

多线是一种由多条平行线组成的对象,平行线的数目和间距是可以调整的。多线命令常用于绘制建筑图中的墙体、窗户、阳台等具有多条平行线特征的对象,如图 1.83 所示。

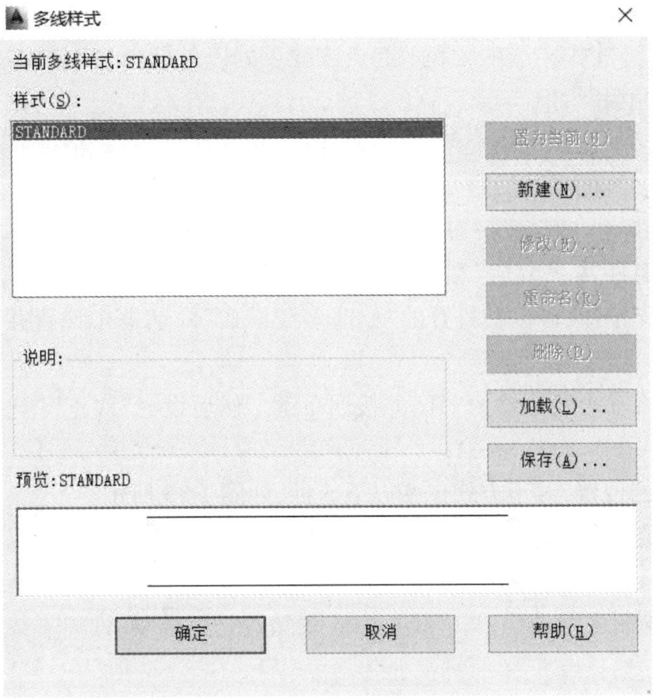

图 1.83　"多线样式"对话框

A.设置多线样式。在绘制多线之前,通常先设置多线样式。设置多线样式,可以改变平行线的颜色、线型、数量、距离和多线封口的样式等显示属性。在命令行中输入 MLST 指令,打开"多线样式"对话框。

B.新建。单击"新建"按钮,将打开"创建新的多线样式"对话框,输入新样式名,再单击"继续"按钮,即可在打开的"新建多线样式"对话框中设置新建的多线样式,如图 1.84 所示。

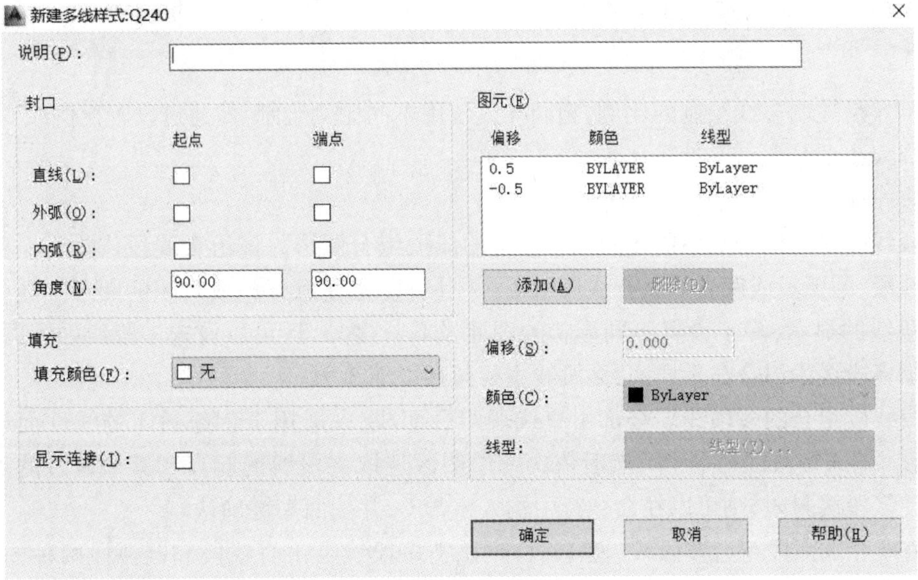

图 1.84　"新建多线样式"对话框

C.封口。控制多线起点和端点处的样式。"直线"选项区表示多线的起点或端点处以一条直线连接;"外弧"/"内弧"选项区表示起点或端点处以外圆弧或内圆弧并可以通过"角度"文本框设置圆弧包角。

D.填充。设置多线之间的填充颜色,可以通过"填充颜色"列表框选取或配置颜色系统。

E.图元。显示多线的平行线数量,距离、颜色和线型等属性;单击"添加"按钮,可以向其中添加新的平行线;单击"删除"按钮,可以删除选取的平行线;"偏移"文本框用于设置平行线相对于中心线的偏移距离;"颜色"和"线型"选项组用于设置多线显示的颜色或线型。

F.修改。单击该按钮,可以在打开的"修改多线样式"对话框中设置并修改所选取的多线样式。

G.绘制多线。在命令行中输入 ML,并按回车键。然后设置"对正""比例",最后选取多线的起点和终点。

设置基准对正的位置,对正方式包括以下 3 种,如图 1.85 所示。

A.上(T)。在绘制多线过程中,多线上最顶端的线随着光标移动,即以多线的外侧为基准绘制多线。

B.无(Z)。在绘制多线过程中,多线上中心线随着光标移动,即以多线的中心线为基准绘制多线。

C.下(B)。在绘制多线过程中,多线上最底端随着光标移动,即以多线的内侧线为基准绘制多线。

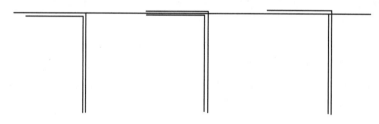

图 1.85　多线的 3 种对齐方式的对比效果

比例 S 是控制多线绘制的比例,相同样式使用不同比例绘制,即通过设置比例改变多线之间的距离大小。

③多段线

多段线是作为单个对象创建的相互连接的线段组合图形。该组合线段作为一个整体,可以由直线段、圆弧段或两者的组合线段组成,并且可以是任意开放或封闭的图形。此外,为了区别多段线的显示,除了设置不同形状的图元及其长度外,还可以设置多段线中不同线宽显示。根据多段线的组合显示样式,多段线主要包括以下 3 种。

A.直线段组合的多段线。全部由直线段组合而成,一般用于创建封闭的线性面域,如图1.86所示。输入多段线命令 PL,然后依次在绘图区选取多段线的起点和其他通过的点即可。如果欲使多段线封闭,则可以在命令行中输入字母 C,并按回车键确认。

B.直线和圆弧段组合多段线(图 1.87)。该类多段线是由直线段和圆弧段两种图元组成的开放或封闭的组合图形,是最常用的一种类型,主要用于表达绘制圆角过渡的棱边或具有圆弧曲面的 U 形槽等实体的投影轮廓界线。

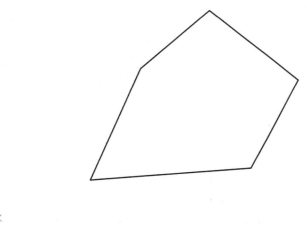

指定起点：
当前线宽为 0.0000
指定下一个点或 [圆弧(A)/半宽(H)/长度(L)/放弃(U)/宽度(W)]：
指定下一点或 [圆弧(A)/闭合(C)/半宽(H)/长度(L)/放弃(U)/宽度(W)]：
指定下一点或 [圆弧(A)/闭合(C)/半宽(H)/长度(L)/放弃(U)/宽度(W)]：
指定下一点或 [圆弧(A)/闭合(C)/半宽(H)/长度(L)/放弃(U)/宽度(W)]：
指定下一点或 [圆弧(A)/闭合(C)/半宽(H)/长度(L)/放弃(U)/宽度(W)]：C
命令：指定对角点或 [栏选(F)/圈围(WP)/圈交(CP)]：*取消*

图 1.86　多段线封闭

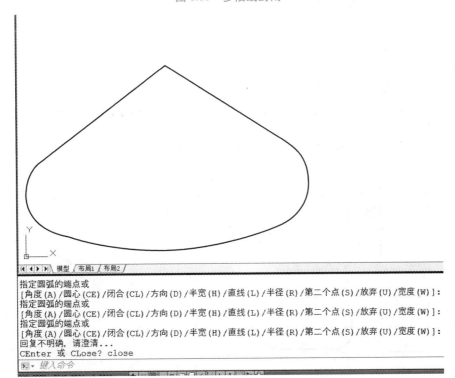

指定圆弧的端点或
[角度(A)/圆心(CE)/闭合(CL)/方向(D)/半宽(H)/直线(L)/半径(R)/第二个点(S)/放弃(U)/宽度(W)]：
指定圆弧的端点或
[角度(A)/圆心(CE)/闭合(CL)/方向(D)/半宽(H)/直线(L)/半径(R)/第二个点(S)/放弃(U)/宽度(W)]：
指定圆弧的端点或
[角度(A)/圆心(CE)/闭合(CL)/方向(D)/半宽(H)/直线(L)/半径(R)/第二个点(S)/放弃(U)/宽度(W)]：
回复不明确，请澄清…
CEnter 或 CLose? close
键入命令

图 1.87　绘制直线和圆弧段组合多段线

　　C.带宽度的多段线（图 1.88）。该类多段线是通过设置多段线的实际宽度值而创建的带宽度显示的多段线，显示的宽度与设置的宽度相等。与"半宽"方式相同，在同一图元的起点和端点位置可以显示相同或不同线宽,其对应的命令为字母 W。

图 1.88　利用"宽度"方式绘制多段线

（3）矩形和正多边形绘图命令与图形编辑

①矩形

输入矩形命令 REC,命令行将显示"指定第一个角点或[倒角（C）/标高（E）/圆角（F）/厚度（T）/宽度（W）]:"。

A.指定第一个角点。在屏幕上指定一点,然后指定矩形的另一个角点来绘制矩形。

B.倒角。绘制倒角矩形。在当前命令提示窗口中输入字母 C,按照系统提示输入第一个和第二个倒角距离,明确第一个角点和另一个角点,便可完成矩形绘制。其中,第一个倒角距离是指沿 X 轴方向的距离,第二个倒角距离是指沿 Y 轴方向的距离。

C.标高。该命令一般用于三维绘图中。在当前命令提示窗口中输入字母 E,并输入矩形的标高,然后明确第一角点和另一个角点即可。

D.圆角。绘制圆角矩形。在当前命令提示窗口中输入字母 F,并输入圆角半径参数值,然后明确第一个角点即可。

E.厚度。绘制具有厚度特征的矩形。在当前命令行提示窗口中输入字母 T,并输入厚度参数值,然后明确第一个角点和另一个角点即可。

F.宽度。绘制具有宽度特征的矩形。在当前命令行提示窗口中输入字母 W,并输入宽度参数值,然后明确第一个角点和另一个角点即可。

②多边形

利用"正多边形"命令可以快速绘制 3~1 024 边的正多边形。

A.内接圆法。利用该方法绘制正多边形时,所输入的半径值是多边形的中心点至多边形任意角点的距离。

B.外切圆法。利用该方法绘制正多边形时,所输入的半径值是多边形的中心点至多边形任意边的垂直距离。

输入正多边形命令 POL,然后设置多边形的边数,并指定多边形中心。接着选择"内接于圆"或"外切于圆",并设置圆的半径值。

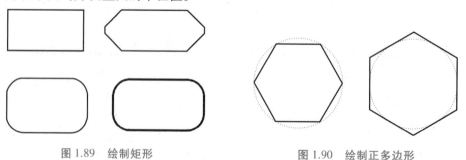

图 1.89　绘制矩形　　　　　　　　图 1.90　绘制正多边形

（4）曲线绘图命令与图形编辑

①圆

圆的命令是 C,常用圆的画法有 4 种,即三点、两点、切点、半径,如图 1.91 所示。

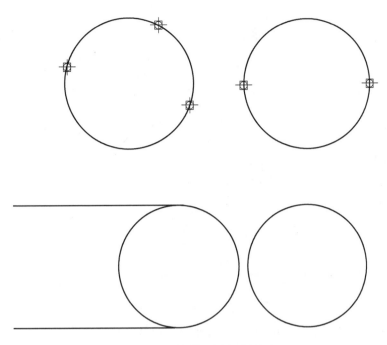

图 1.91　绘制不同方式的圆

②圆弧

A.常用启动"圆弧"命令的方法有两种：一是菜单栏。选择"绘图"菜单→"圆弧"命令。二是圆弧命令 a。

B.常用绘制"圆弧"的方法，如图 1.92 所示。

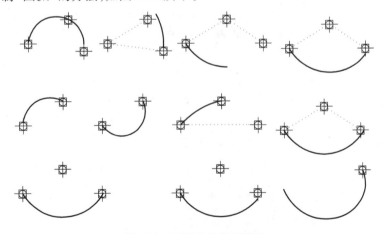

图 1.92　不同方法绘制圆弧

a.三点。输入起点、第二点和终点来绘制圆弧。

b.起点、圆心、端点。通过指定圆弧的起点、圆心和端点来绘制圆弧，指定弧的起点和圆心后，弧的半径就确定了。端点只决定圆弧的长度，圆弧不一定通过端点。

c.起点、圆心、角度。通过指定圆弧的起点、圆心及其所对应的圆心角来绘制圆弧。

d.起点、圆心、长度。通过指定圆弧的起点、圆心及其所对应的弦长来绘制圆弧。沿逆时针方向绘制圆弧时，若弦长为正值，则得到与弦长相应的最小的圆弧；反之，则得到最大的圆弧。

e.起点、端点、角度。通过指定圆弧的起点、端点及其所包含的角度来绘制圆弧。

f.起点、端点、方向。通过指定圆弧的起点、端点和起点的切线方向来绘制圆弧。

g.圆心、起点、端点。通过指定圆弧的圆心、起点和端点来绘制圆弧。

h.圆心、起点、角度。通过指定圆弧的圆心、起点及其包含的角度来绘制圆弧。

i.圆心、起点、长度。通过指定圆弧的圆心、起点及其所对应的弦长来绘制圆弧。

j.连续。绘制的圆弧与上条一线段或圆弧相切,指定端点即可继续绘制圆弧。

③椭圆

椭圆指平面上到定点距离与到定直线间的距离之比为常数的所有点的集合。

在"绘图"选项板中单击"椭圆"按钮右侧的黑色小三角,系统将显示以下两种绘制椭圆的方式,如图1.93所示。

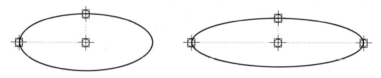

图1.93　圆心和端点绘制椭圆

A.圆心绘制椭圆。通过指定椭圆圆心、主轴的半轴长度和副轴的半轴长度绘制椭圆。单击"圆心"按钮,然后指定椭圆的圆心,并依次指定两个轴的半轴长度即可。

B.端点绘制椭圆。单击"轴,端点"按钮,然后选取椭圆的两个端点,并指定另一半轴的长度即可。

④块绘图命令与图形编辑

在 AutoCAD 中绘图时,常常需要重复使用一些图形,如果把这些图形做成块保存起来,在需要时直接插入,就可以避免大量的重复性工作,从而提高绘图效率。

A.创建块。输入"创建块"命令 b,弹出"块定义"对话框,如图1.94所示。

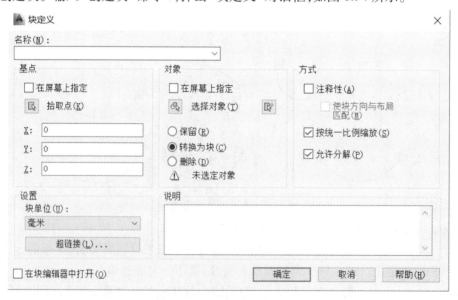

图1.94　"块定义"对话框

"块定义"对话框各选项说明如下：

a.基点。单击"拾取点"按钮,临时切换到绘图屏幕,捕捉图形上的某一特征点后,返回到"块定义"对话框,所拾取点将作为图块的基点。

b.对象。选择制作图块的图形以及设置图形的相关属性。

• 保留。图块创建完成后,继续保留构成图块的对象,且作为普通的实体对象。

• 转换为块。图块创建完成后,构成图块的对象将转化为一个图块。

• 删除。图块创建完成后,将删除构成图块的对象实体。

c.设置。设定图块插入的单位及超链接的设置。

d.方式。

• 注释性。制定块是否具有注释性。选中该项后,使块方向与布局匹配,指使在图纸空间视口中的块参照的方向与布局的方向匹配。

• 按统一比例缩放。指定块参照是否按统一比例缩放。

• 分解。指定块参照是否可以被分解。

B.块的存盘。若图块需要在许多图形文件中使用,则可以用 W 命令将图块以图形文件的形式写入磁盘,这样图块就可以在这台计算机上的任意图形文件中插入使用了。

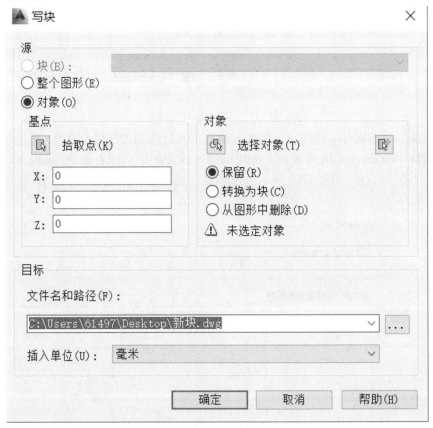

图 1.95 "写块"对话框

a."源"选项组。

• 块。把用 Block 命令定义过的图块进行写块操作。此时,可从下拉列表框中选择所需的图块,如图 1.95 所示。

- 整个图形。把当前的整个图形进行写块操作。
- 对象。把选择的图形对象直接定义为图块并存盘。

b."基点"和"对象"选项组。使用方法同 Block 中的选项,不再复述。

c."目标"选项组。指定图块的文件名和存放的路径以及插入单位。

C.插入块。在用 AutoCAD 绘图的过程中,可根据需要随时把定义好的图块或图形文件插入当前图形,在插入时还可以同时完成指定插入点、改变图块的比例、旋转角度或将图块分解等操作。输入指令 i,启动"插入块"对话框,如图 1.96 所示。

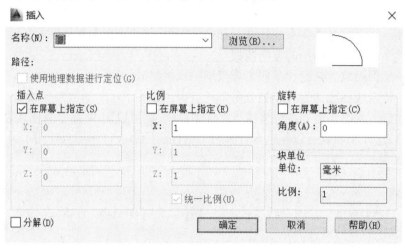

图 1.96 "插入块"对话框

D.动态块。动态块可以通过自定义夹点或自定义特性来操作几何图形,用户可以根据需要在位调整块中参照,而不用搜索另一个块以插入或重新定义现有的块。输入命令 BED,启动"编辑块定义"对话框,如图 1.97 所示。选择要创建或编辑的块,打开"块编写选项板",如图 1.98 所示。

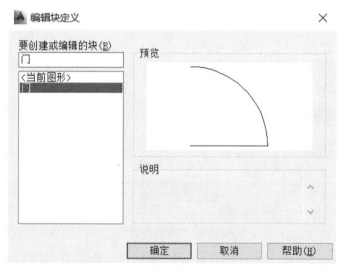

图 1.97 "编辑块定义"对话框

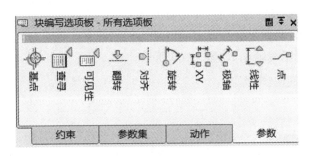

图 1.98　块编写选项板

块编写选项板包括以下 4 个选项：

a."参数"选项卡。用于对块编辑器中的动态块添加参数,可以指定几何图形在块参照中的位置、距离和角度。

b."动作"选项卡。用于向块编辑器中的动态块添加动作,动作定义了在图形中操作块参照的自定义特性。

c."参数集"选项卡。用于在块编辑器中向动态块添加一个参数和至少一个动作。

d."约束"选项卡。用于将几何约束和约束参数应用于对象。将几何约束应用于一对对象时,选择对象的顺序以及选择每个对象的点可能影响对象相对于彼此的放置方式。

⑤图案填充命令与图形编辑

输入命令 H,启动"图案填充和渐变色"选项卡。在该选项卡中用户可以分别设置填充图案的类型和图案、角度和比例、图案填充原点和边界,如图 1.99 所示。

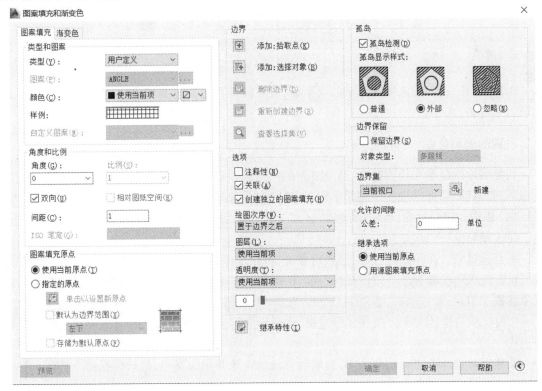

图 1.99　"图案填充和渐变色"选项卡

A.选择图案样式。创建图案填充,首先要设置填充图案的样式,既可以用预定义的图案样式进行图案填充,又可以用户定义形成由一组平行线或者互相垂直的两组平行线组成的图案,即自定义图案样式进行图案填充,如图1.100所示。

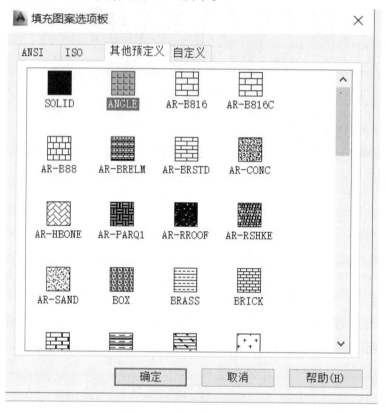

图1.100 填充图案选项板

B.角度和比例。选定填充图案的类型后,需要设置合适的角度和比例,否则填充图案不是过疏就是过密。

2)图形编辑命令

为提高绘图效率和绘图精度,绘制复杂的图形必须借助于图形编辑命令。比如,要对图形进行阵列、偏移、修剪等操作。编辑图形对象前,要先选择对象。

(1)选择、移动、对齐、删除、旋转

①选择对象:

A.点选对象。在绘图过程中,选择对象时,将拾取框移至需编辑的目标对象上,单击即可。

B.窗口从左框选对象。按住鼠标左键,由图形的左边向右框选对象,被矩形框完全包围的对象将被选中。

C.窗口从右框选对象。按住鼠标左键,由图形的右边向左框选对象,与方框相交的对象都被选中。

②移动对象。单击移动命令M,选取要移动的对象并指定基点,然后根据命令行提示在指定的方向上移动对象即可,如图1.101所示。

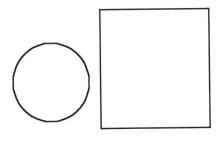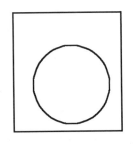

图 1.101　移动对象

③删除对象。在绘图过程中,用"删除"命令,将不需要的部分删除,删除命令为 E。

④旋转对象。旋转指将对象绕指定点旋转任意角度,从而以旋转点到旋转对象之间的距离和指定的旋转角度为参照,调整图形的放置方向和位置,如图 1.102 所示。

A.复制旋转。在命令行中,输入旋转命令 RO,选择需要旋转的对象,输入指令 C,然后指定旋转角度,按回车键即可,如图 1.103 所示。

B.一般旋转。在命令行中,输入旋转命令 RO,选择需要旋转的对象,然后指定旋转角度,按回车键即可。

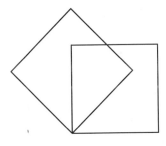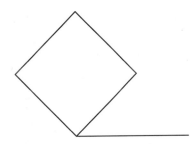

图 1.102　旋转对象

(2)复制、镜像、偏移和阵列

①复制。输入复制命令 CO,选取需要复制的对象后指定复制基点,然后指定新的位置点即可。

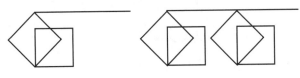

图 1.103　复制对象

②镜像。绘制具有对称性特点的图形时,只需绘制对象的一半或几分之一,然后将图形对象的其他部分对称复制即可。

绘制出处于对称中线一侧的图形轮廓线,然后输入镜像命令 MI,选取绘制的图形,接着选择对称中心线上的两点以确定镜像线,按回车键即可。

默认情况下,对图形执行镜像操作后,系统仍然保留源对象。如果对图形进行镜像操作后需要将源对象删除,只需在选取源对象并指定镜像中心线后,在命令行中输入字母 Y,然后按回车键即可。

③偏移。在绘图过程中,可以使用"镜像"命令,将对象以镜像线对称复制,在指令行输入偏移命令 O 启动偏移操作。

A.定距偏移。输入偏移命令 O,根据命令行提示输入偏移距离,并按回车键。然后选取图中的源对象,选择要偏移那一侧的点即可。

B.通过点偏移。该偏移方式能够以图形中现有的端点、各节点、切点等定对象为源对象后指定点即可。

输入偏移命令 O,然后输入操作命令 T,并按回车键。选取图中的偏移源对象后指定通过点即可。

C.删除源对象偏移。如果偏移出新图形对象后需要将源对象删除,可利用删除源对象偏移的方法。

输入偏移命令 O,然后输入操作命令 E,并根据命令行提示输入 Y 后按回车键。按上述偏移操作进行图形偏移可将源对象删除。

D.变图层偏移。默认情况下对对象进行偏移操作时,偏移出新对象的图层与源对象的图层相同。变图层偏移操作,可以将偏移出的新对象图层转换为当前层。

先将所需图层置为当前层,输入偏移命令 O,然后输入操作命令 L,根据命令提示输入字母 C 并按回车键。

④阵列。当遇到一些呈规则分布的实体时,可以按照矩形、路径或环形的方式,以定义的距离或角度复制出源对象的多个对象副本。利用该工具可以减少大量重复性图形步骤,提高绘图效率和准确性。

A.矩形阵列。矩形阵列以控制行数、列数以及行和列之间的距离或添加倾角度的方式,使选取的阵列对象成矩形的方式进行阵列复制,从而创建出源对象的多个副本对象。

输入阵列命令 AR,并在图中选取源对象后按回车键,输入阵列类型矩形(R),然后根据命令行提示,并依次设置矩形阵列的列数和列间距、行数和行距离,如图 1.104 所示。

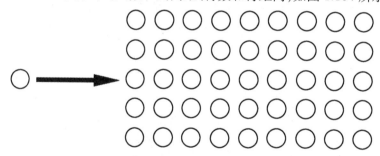

图 1.104　矩形阵列

B.路径阵列。在路径阵列中,阵列的对象将沿路径或部分路径均匀地排列。在该方式中,路径可以是直线、多段线、三维多段线、样条曲线、螺旋、圆弧、圆或椭圆等。

输入阵列命令 AR,并在图中选取源对象后按回车键,输入阵列类型路径(PA),然后根据命令行提示选择路径曲线,输入命令项目(I),输入图形之间的距离和项目数量,完成路径阵列,如图 1.105 所示。

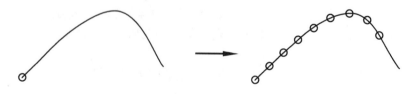

图 1.105　路径阵列

C.环形阵列。绘制具有圆周均布特征的图形可以应用环形阵列,环形阵列能够以任一点为阵列中心点,将阵列源对象按圆周或扇形的方向以指定的阵列填充角度、项目数目或项目之间夹角为阵列值进行原图形的阵列复制。输入阵列命令 AR,并在图中选取源对象,按回车键,输入阵列类型极轴(PO),选择阵列的中心,输入命令项目(I),确定阵列数量,输入项目间角度或者填充角度,完成极轴阵列,如图 1.106 所示。

项目间的角度指精确、快捷地绘制出已知各项目间的具体夹角。

填充角度指在已知图形中阵列项目的个数以及所有项目所分布弧形区域的总角度时,可以通过设置这两个参数来进行环形阵列的操作。

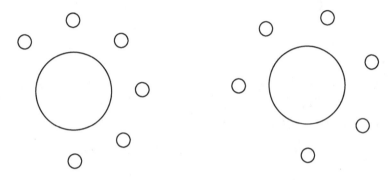

图 1.106 极轴阵列

(3)修剪、延伸、缩放、拉伸

①修剪

利用修剪操作可以以某些图元为边界删除边界内的指定图元。利用该工具编辑图形对象时,首先需要选择用以定义修剪边界的对象,选择修剪对象后,系统将以该对象为边界,将修剪对象上位于拾取点一侧的部分图形切除。

输入剪切命令 TR,选取边界曲线并单击鼠标右键,然后选取图形中要去除的部分。

②延伸

以现有的图形对象为边界,将其他对象延伸至该对象上。输入延伸命令 EX,按回车键,然后选取需要延伸的对象,如图 1.107 所示。

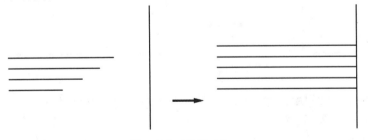

图 1.107 延伸对象

③缩放

利用该工具可以将图形对象以指定的缩放基点为缩放参照放大或缩小一定比例,创建出与源对象成一定比例且形状相同的新图形对象。

A.复制缩放。该缩放类型可以在保留原图形对象不变的情况下创建出满足缩放要求的新图形对象。输入缩放命令 SC,在指定缩放对象和缩放基点后,需要在命令行中输入字母 C,输入比例因数,如图 1.108 所示。

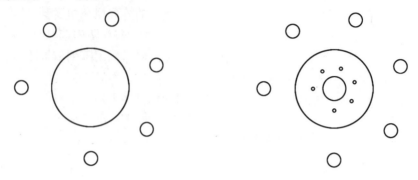

图 1.108　复制缩放效果

B.参照缩放。该缩放方式是以指定参照长度和新长度的方式,由系统自动计算出两长度之间的比例数值,从而定义出图形的缩放因子,对图形进行缩放操作。但参照长度大于新长度时,图形将被缩小,反之将被放大。

输入缩放命令 SC,在指定缩放对象和缩放基点后,在命令行中输入字母 R,并按回车键。然后根据命令行提示依次定义出参照长度和新长度,按回车键即可。

④拉伸

拉伸操作能够将图形中的一部分拉伸、移动或变形,而其余部分保持不变。选取拉伸对象时,可以使用框选的方式选取对象,其中,整个图纸处于框中的图形不变形而只移动,与选择框边界相交的对象将按移动的方向进行拉伸变形。

输入拉伸命令 STR,选取对象,使用上面介绍的方式选取对象,并按回车键。此时命令行将提示选取对象,选取对象后,按回车键。此时命令行将显示"指定基点或位移(D)"的提示信息,将两种拉伸方式分别介绍如下。

A.指定基点拉伸对象。按照命令行提示指定一点为拉伸基点,命令行将提示指定一点为拉伸基点,命令行将显示"指定第二点或<使用第一个点作为位移>"的提示信息。此时指定第二点,系统将按照这两点间的距离执行拉伸操作,如图 1.109 所示。

图 1.109　指定基点拉伸对象

B.指定位移量拉伸对象。该拉伸方式指将对象按照指定的位移量进行拉伸而其余部分并不改变。选取拉伸对象后,输入字母 D,然后输入位移量并按回车键,系统将按照指定的位移量进行拉伸操作。

(4)倒角、圆角、分解、打断和合并

①倒角

"倒角"命令用于连接两个对象,使两个对象以平角或倒角的方式相连接。构件上倒角主要为了去除锐边和安装方便,故倒角多出现在构件的外边缘。使用"倒角"命令时应先设定倒角距离,然后指定倒角线,当两个倒角距离不相等时,要特别注意倒角第一边与倒角第二边的区分,若选错了边,倒角就不正确了。

单击"倒角"按钮,命令行将显示"选择第一条直线或[放弃(U)/多段线(P)/距离(D)/角度(A)/修剪(T)/方式(E)/多个(M)]"的提示信息。现分别介绍常用倒角方式的设置方法。

A.多段线倒角。如果选择的对象是多段线,那么就可以方便地对整条多段线进行倒角。在命令行中输入字母 P,然后选择多段线,系统将以当前设定的倒角参数对多段线进行倒角操作,如图 1.110 所示。

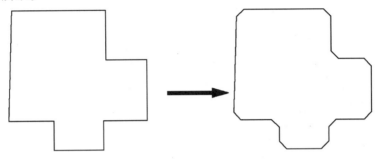

图 1.110　多段线倒角

B.指定距离绘制倒角。输入直线与倒角线之间的距离定义倒角,如果两个倒角距离都为零,那么倒角操作将修剪或延伸这两个对象,直到它们相接,但不创建倒角线。

在命令行中输入字母 D,然后依次输入两个倒角距离,并分别选取两个倒角边,既可获得倒角的效果,如图 1.111 所示。

C.指定角度绘制倒角。该方式通过指定倒角的长度以及它与第一条直线形成的角度来创建倒角。在命令行中输入字母 A,然后分别输入倒角的长度和角度,并依次选取两对象即可,如图 1.112 所示。

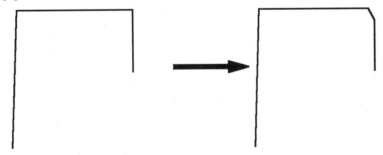

图 1.111　指定角度绘制倒角

②圆角

在 AutoCAD 中,圆角指通过一个指定半径的圆弧来光滑地连接两个对象的特征,其中,可以执行倒角操作的对象有圆弧、圆、椭圆、椭圆弧、直线和射线等。此外直线、构造线和射线在相互平行时也可以进行倒圆角操作。

单击"圆角"按钮,命令行将显示"选择第一个对象或[放弃(U)/多段线(P)/半径(R)/修剪(T)/多个(M)]"的提示信息,现分别介绍常用圆角方式的设置方法。

A.多段线圆角。如果选择的对象是多段线,那么就可以方便地对整条多段线进行圆角。在命令行中输入字母 P,然后选择多段线,系统将以当前设定的圆角参数对多段线进行圆角操作,如图 1.112 所示。

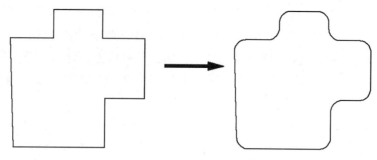

图 1.112　多段线圆角

B.指定半径绘制圆角。选择"圆角"工具后,首先输入字母 R,并设置圆角半径值。然后依次选取两个操作对象即可,如图 1.113 所示。

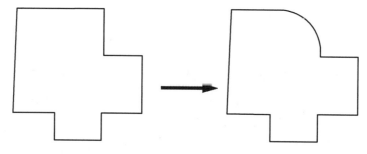

图 1.113　指定半径绘制圆角

C.不修剪圆角。选择"圆角"工具后,输入字母 T 就可以指定相应的圆角类型,即设置倒圆角后是否保留原对象,可以选择"不修剪"选项,获得不修剪的圆角效果,如图 1.114 所示。

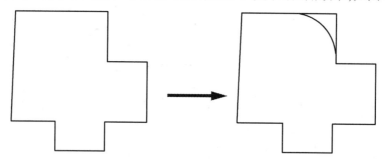

图 1.114　不修剪倒圆角效果

③分解

对于矩形、块、多边形和各类尺寸标注等特征以及由多个图形组成的组合图形,如果需要对其中部分图形进行编辑,就需先利用"分解"工具将这些图形拆分为若干图形,然后利用相应的编辑工具进一步编辑。

输入分解命令 X,然后选取所要分解的图形,单击鼠标右键或者按回车键即可。

④打断

打断是指删除部分图形或将图形分解成两部分,对象之间可以有间隙也可以没有间隙。

可以打断的对象包括直线、圆、圆弧、椭圆和参照等。

A.打断图形。输入打断命令 BR,命令行将提示选取要打断的对象指定第一个打断点、指定第二个打断点,系统将删除这两点之间的图形,如图 1.115 所示。

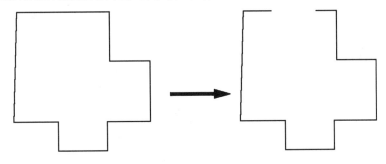

图 1.115　打断直线

另外,在默认情况下,系统总删除第一个打断点和第二个打断点之间的部分,且在对圆和椭圆等封闭图形进行打断时,系统将按照逆时针方向删除第一打断点和第二打断点之间的圆弧等对象。

B.打断于点。打断于点是打断命令的后续命令,是将对象在一点处断开生成两个对象。在执行过打断于点命令后,从外观上并看不出对象的差别。但当选取该对象时,可以发现该对象已经被打断为两部分。

单击"打断于点"按钮,然后选取一个对象,并在该对象上单击指定打断点的位置即可,如图 1.116 所示。

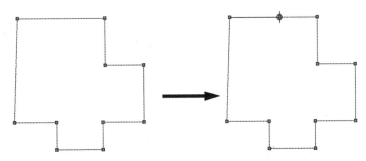

图 1.116　打断于点

⑤合并

合并是指将多个图形合并为一个图形,可以执行合并操作的对象包括圆弧、椭圆弧、直线、多段线和样条曲线等。

输入合并命令 JOIN,然后按照命令行提示选取源对象,如图 1.117 所示。

A.要合并的直线必须位于同一无限长的直线上,它们之间可以有间隙。

B.要想直线、多段线或圆弧、样条曲线等合并为多段线,对象之间不能有间隙。

C.要合并的圆弧对象必须位于同一假想的圆上,要合并的椭圆弧对象必须位于同一假想的椭圆上,它们之间可以有间隙。

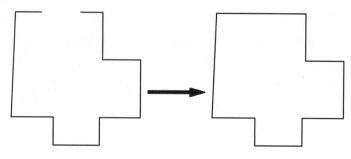

图 1.117   合并直线

3)尺寸标注

(1)创建尺寸标注样式
①尺寸标注样式

在标注尺寸前,一般都要创建新的尺寸标注样式,否则将以系统提供的默认尺寸样式ISO-25为当前样式进行标注。

输入标注样式启动命令 D,打开"标注样式管理器"对话框,如图 1.118 所示。

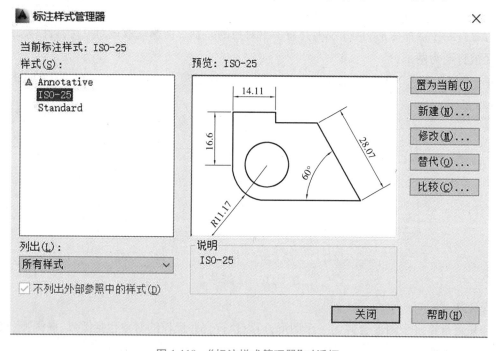

图 1.118   "标注样式管理器"对话框

在该对话框中单击"新建"按钮,在打开的对话框中输入新样式的名称,并在"基础样式"下拉列表中指定某个尺寸样式作为新样式的基础样式,新样式将包含基础样式的所有设置。此外,还可以在"用于"下拉列表中设置新样式控制的尺寸类型,默认情况下,该下拉列表中所选择的选项为"所有标注",新样式将控制所有类型尺寸,如图 1.119 所示。

单击"继续"按钮,在打开的"新建标注样式"对话框中可以对新样式进行详细的设置。

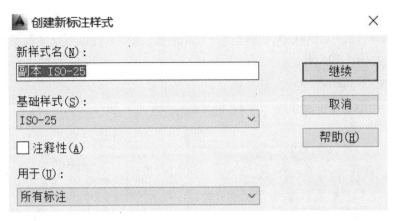

图 1.119 创建新标注样式

②"线"选项卡

"线"选项卡可以对尺寸线和延伸线的样式进行设置,如图 1.120 所示。

图 1.120 "线"选项卡

A.设置尺寸线。线型一般选择连续直线。基线间距用于设置平行尺寸线间的距离。

B.设置延伸线:

a.超出尺寸线。该选项用于控制尺寸界线超出尺寸线的距离。国标规定尺寸界线一般超出尺寸线 2~3 mm。如果准备以 1:1 的比例出图,则超出距离应设置为 2 mm 或 3 mm。

b.起点偏移量。该选项用于控制尺寸界线起点和标注对象端点间的距离,应使尺寸界线与标注对象间保持一段距离。

③"符号和箭头"选项卡

在"修改标注样式"对话框中,切换至"符号和箭头"选项卡即可对尺寸箭头和符号标记的样式进行设置,如图 1.121 所示。

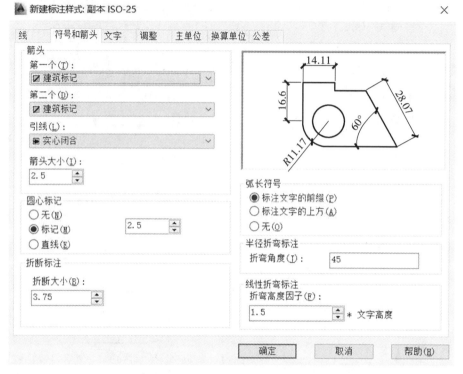

图 1.121 "符号和箭头"选项卡

A.箭头。设置建筑制图专用的箭头样式"建筑标记"。

B.圆心标记。在该选项组中,当标注圆或圆弧时,可以设置是否显示圆心标记以及圆心标记的显示类型。

④"文字"选项卡

在"修改标注样式"对话框中,切换至"文字"选项卡,即可设置标注的文字,如图 1.122 所示。

在该下拉列表中可以选择文字样式,也可以单击右侧的"文字样式"按钮,在打开的对话框中创建新的文字样式,如图 1.123 所示。创建工程制图中常用的两种文字样式,即"汉字"样式和"数字"样式。

单击"样式"工具栏中的文字样式命令按钮,弹出"文字样式"对话框。再单击"新建"按钮,弹出"新建文字样式"对话框,如图 1.124 所示,在"样式名"文本框中输入新样式名"汉字",单击"确定"按钮,返回"文字样式"对话框。从"字体名"下拉列表框中选择"仿宋","高度"文本框保留默认值 0,"宽度因子"文本框设置为 0.8。

A.设置"数字"文字样式。在"文字样式"对话框中,单击"新建"按钮,弹出"新建文字样式"对话框,在"样式名"文本框中输入新样式名"数字",单击"确定"按钮,返回"文字样式"对话框。从"字体名"下拉列表框中选择"Simplex.shx","高度"文本框保留默认值 0,"宽度因子"文本框设置为 0.8,如图 1.125 所示。

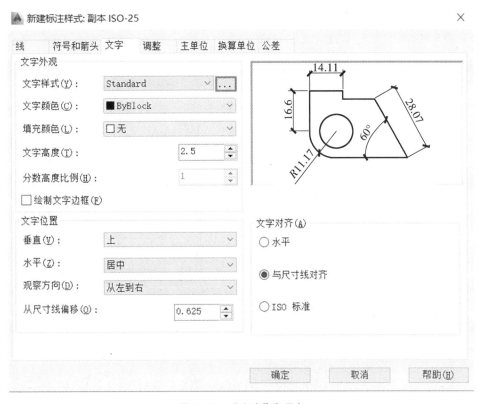

图 1.122　"文字"选项卡

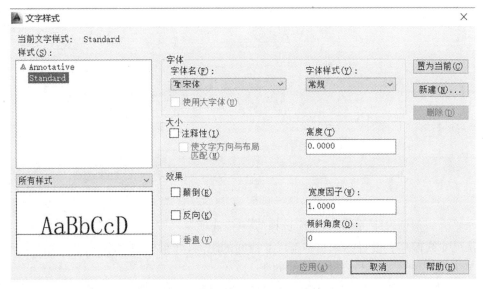

图 1.123　设置"汉字"文字样式

B.文字高度。设置文字的高度,通常设置为 3~3.5。

C.绘制文字边框。为标注文本添加一矩形边框。

D.设置文字位置:

a.垂直。一般情况下,国标标注应选择"上"选项。

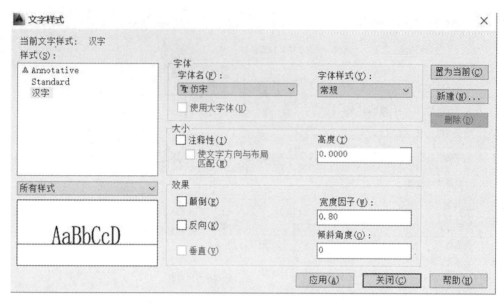

图 1.124　文字样式设置

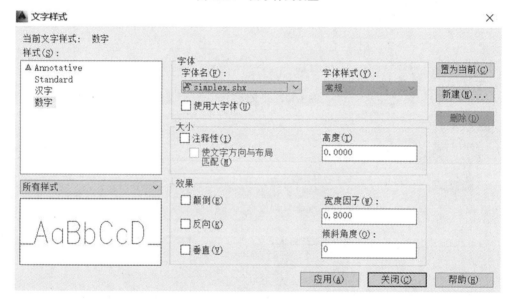

图 1.125　设置"数字"文字样式

　　b.水平。一般情况下,国标标注应选择"居中"选项。

　　c.从尺寸线偏移。设置标注文字与尺寸线间的距离,如果标注文本在尺寸线的中间,则该值表示断开处尺寸线端点与尺寸文字的间距。

　　E.文字对齐。设置文字相对于尺寸线的放置位置。其中,选择"水平"单选按钮,使所有标注文本水平放置;选择"与尺寸线对齐"单选按钮,使文本与尺寸线对齐,这也是国标标注的标准;选择"ISO标准"单选按钮,当文本在两条尺寸界线的内部时,应与尺寸线对齐,否则标注文本水平放置。

　　⑤"调整"选项卡

　　单击"调整"选项卡,在"修改标样式"对话框中,切换至"调整"选项卡,如图 1.126 所示。

图 1.126　"调整"选项卡

A. 调整选项。在标注小尺寸时,尺寸界线间距离太小,导致尺寸界线、箭头和文字之间可能重叠,此时可以调整文字和箭头放置的位置。一般选择"文字或箭头(最佳效果)"。

B. 文字位置。当文字移开时,设定文字放置的位置,有以下 3 种选择:

a. 尺寸线旁边,表示文字放在尺寸界线之外。

b. 尺寸线上方带引线,表示文字放在尺寸线的上方,相当于"文字"选项卡中"从尺寸线偏移"值比"直线"选项卡中的"超出尺寸线"值大时的效果。

c. 尺寸线上方不带引线,表示文字放在尺寸线的上方且不带引线。

C. 标注特征比例。包括"使用全局比例"和"将标注缩放到布局"两项:

a. 使用全局比例:是指将图形在模型空间内标注时标注中各参数显示大小与实际大小的比例。例如,在标注长度为 100 的尺寸时,若全局比例为 1 时,标注显示的大小适中;则在标注长度为 1 000 的尺寸时,为使标注的大小适中,设全局比例为 10 比较适中。

b. 将标注缩放到布局:是指在图纸空间(布局空间)标注时根据当前模型空间视图和图纸空间之间的比例来调整标注的比例。

D. 优化。进一步优化文字在标注中的位置,有"手动放置文字"和"在尺寸界线之间绘制尺寸线"两项:

a. 手动放置文字。在指定尺寸线的位置时,滑动鼠标放至指定的位置。

b. 在尺寸界线之间绘制尺寸线。指任何情况下尺寸线始终保持在尺寸界线之内。

⑥"主单位"选项卡

在"修改标注样式"对话框中切换至"主单位"选项卡,即设置线性尺寸的单位格式和精度,并为标注文本添加前缀或后缀,如图 1.127 所示。

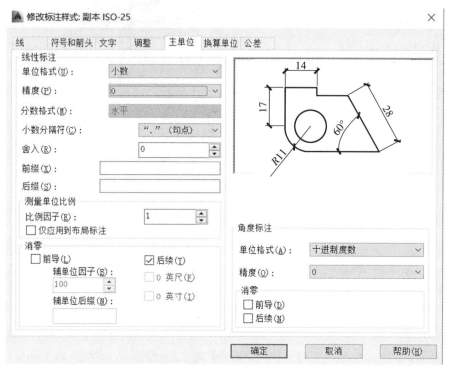

图 1.127 "主单位"选项卡

A.精度。设置长度型尺寸数字的精度。

B.小数分隔符。如果单位类型为十进制,可在该下拉列表中选择分隔符的形式,一般选择句号类型。

C.前缀。在该文本框中可以输入标注文本的前缀,例如输入直径符号,如图 1.128 所示。

图 1.128 设置直径前缀

(2)尺寸标注

①长度型尺寸标注

长度型尺寸标注包括线性标注、对齐标注、基线标注和连续标注。

A.线性标注。测量两点间的直线距离,如图 1.129 所示。输入线型标注命令 DIML,移动光标指定尺寸线的位置,可以标注水平或垂直尺寸,系统将标注自动测量的尺寸数字。

B.对齐标注。创建尺寸线平行于尺寸界线起点的线性标注。对齐标注的启动命令是DIMA,如图1.130 所示。

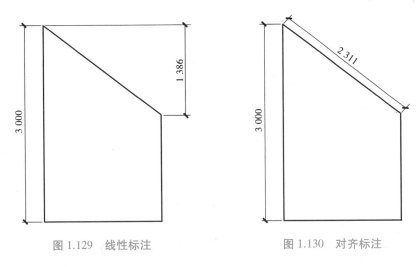

图 1.129　线性标注　　　　　　　图 1.130　对齐标注

　　C.基线标注。创建一系列线性、角度或者坐标标注,每个标注都是从相同的原点测量出来的,如图 1.131 所示。

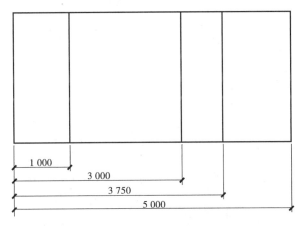

图 1.131　基线标注

　　D.连续标注。创建一系列连续的线性、对齐、角度或者坐标标注,连续标注的启动命令是 DIMC,从前一个选定标注的第二尺寸界线处开始标注,共享公共的尺寸界线,如图 1.132 所示。

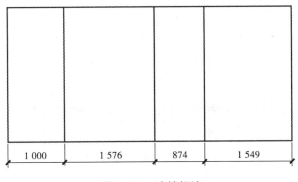

图 1.132　连续标注

②半径标注和直径标注

半径标注用于圆或圆弧的半径尺寸标注,启动命令为 DIMR;直径标注用于圆或圆弧的直径尺寸标注,启动命令为 DIMD,如图 1.133 所示。图中,选取圆弧并移动光标使直径尺寸文字位于合适的位置,单击可标注半径。

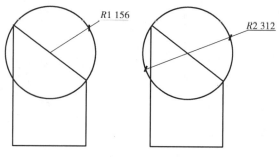

图 1.133　半径标注和直径标注

③角度标注

"角度"工具经常用来标注一些倾斜图形,例如,利用该工具标注角度时,可以通过选取两条边线、3 个点或一段圆弧来创建肋板的角度尺寸。通过"标注"→"角度"启动角度标注,如图 11.134、图 1.135 所示。

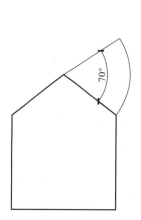

图 1.134　角度标注

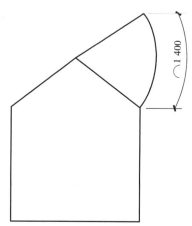

图 1.135　选取圆弧标注弧长

④弧长标注

弧长标注用于测量圆弧或多段线弧线段的距离。该标注方式常用于测量围绕凸轮的距离或标注电缆的长度。为区别于角度标注,弧长标注将显示一个圆弧符号,而角度标注显示度数符号,通过"标注"→"弧长"启动弧长标注。

⑤坐标标注

坐标标注用于标注图形中各点坐标。通过"标注"→"坐标"启动,然后选取绘图区中的点,并移动光标使坐标文字位于合适位置,单击可标注坐标。

⑥多重引线标注

A.多重引线样式。在"格式"选项板中,单击"多重引线样式"按钮,并在打开的对话框中单击"新建"按钮,将打开"创建新多重引线样式"对话框。然后在该对话框中输入新多重引线的名称,并单击"继续"按钮,可在打开的"修改多重引线样式"对话框中详细设置多重引线的格式、结构和文本内容,如图 1.136 所示。

B.创建多重引线标注。通过"标注"→"多重引线"启动坐标标注,依次在途中指定引线箭

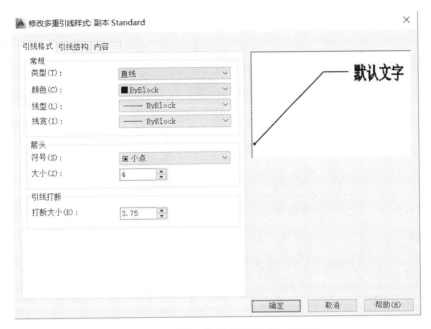

图 1.136　"修改多重引线样式"对话框

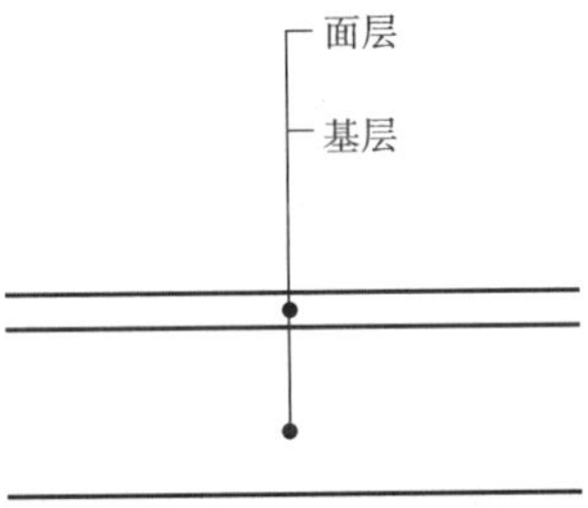

头位置、基线位置并添加标注文字,完成多重引线标注,如图 1.137所示。

（3）尺寸标注的编辑

对于已经标注的尺寸,我们既可以使用该尺寸上的夹点调整尺寸线的位置,也可以根据绘图需要修改其尺寸文字。

①使用夹点调整尺寸标注。在 AutoCAD 中选中某尺寸标注后,可显示该尺寸标注上的所有夹点。不同类型的尺寸标注,其夹点的个数和功能也不相同。

图 1.137　创建多重引线

A.尺寸数字夹点。单击尺寸数字的夹点并沿与尺寸线垂直的方向移动光标,可改变尺寸线的放置位置,若沿与尺寸线平行的方向移动光标,可移动尺寸数字的位置。

B.尺寸线夹点。单击尺寸线夹点并移动光标,可同时改变尺寸线和尺寸数字的位置。

C.尺寸界线夹点。单击尺寸界线的夹点并移动光标,可调整尺寸界线原点的位置。

②编辑标注文字的位置。如果要修改标注文字的位置,可以选择"标注""对齐文字"命令,然后在下拉子菜单中选择所需的选项。

默认情况下可以拖动光标来确定尺寸文字的新位置,也可以输入相应的选项指定标注文字的新位置。

③尺寸关联。在 AutoCAD 中对标注对象尺寸标注时,如果标注的尺寸值是按自动测量值标注的,且尺寸标注是按尺寸关联模式标注的,那么尺寸标注和标注对象之间将具有关联性。此时,如果标注对象被修改,与之对应的尺寸标注将自动调整其位置、方向和测量值;反之,当两者之间不具有关联性时,尺寸标注不随标注对象修改而改变。

【技能训练】

1.按要求设置图层并打印出图,具体要求见表1.5。

表 1.5　设置图层

图层名称	颜色	线型	线宽
图框	白色	Continuous	默认
轮廓线	白色	Continuous	0.5 mm(粗实线)
墙体	洋红色	Continuous	0.5 mm(粗实线)
柱子	洋红色	Continuous	0.5 mm(粗实线)
地坪线	白色	Continuous	0.7 mm(加粗线)
楼梯	青色	Continuous	默认
填充	8 号	Continuous	默认
标注	绿色	Continuous	默认
文字	白色	Continuous	默认
轴线	红色	Center2	默认

2.绘制篮球场,如图 1.138 所示。

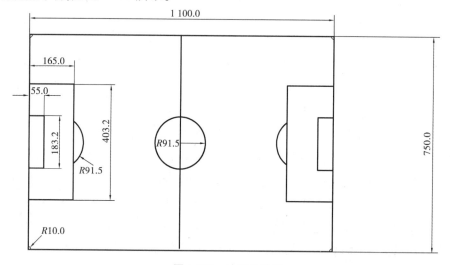

图 1.138　绘制蓝球场

3.抄绘图纸,如图 1.139 所示。

4.绘制 A3(420×297)图框,按要求完成下列规定的内容,并绘制边框与标题栏。

(1)设置文字样式

设置两个文字样式,分别用于"汉字"和"非汉字",所有字体均为直字体。

①"汉字":文字样式命名为"HZ",字体名选择"仿宋",宽度因子为 0.7。

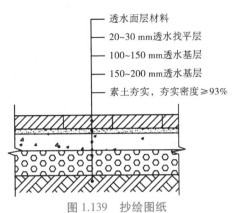

图 1.139　抄绘图纸

②"非汉字"：文字样式命名为"FHZ"，字体名选择"Simplex"，宽度因子为 1。

（2）设置标注样式

名称为"BZ"的尺寸标注样式，其中，基线间距为 8，尺寸界线超出尺寸线 3，尺寸界线起点偏移量为 2，选用文字样式用"FHZ"，文字高度为 3，文字从尺寸线偏移为 1，其他自行设置完整。

（3）在对应的图层下绘制

A3（420×297）图框、标题栏以及标题栏内文字，按照要求绘制图框，要求：幅面线（随层默认）；图框线（粗实线 $b=0.5$ mm）；标题栏外框线为 $0.7b$；标题栏分格线为 $0.35b$；标题栏文字为"大和幸福苑"，高度为 7，其他为 3.5。比例自行换算。

（4）标题栏尺寸及填写内容

标题栏尺寸及填写内容如图 1.140 所示。

图 1.140　标题栏尺寸及填写内容

（5）尺寸说明

若图纸中细部尺寸没标注，按照图纸大小比例关系自拟尺寸。

①细部尺寸标注的界限与建筑外轮廓间距为 15，各尺寸标注的尺寸线间距为 10。

②标高符号的文字高度为 3。

③轴网编号、剖切符号编号的字高为 4；指北针编号、房间功能文字的文字高度为 5，门窗标识的文字高度为 3；轴网编号半径是 4；指北针符号半径为 12，尾部宽度为 3；剖切符号的剖切位置线长为 8，投射方向线长为 5。

④图名文字高度为 7，图名比例文字高度为 6，下划线为线宽 0.7 的加粗线。

⑤线型比例自行调整。

⑥依据标准中对于尺寸线型、线宽、尺寸标注、文字标注、各类符号等的要求，抄绘建筑施工图。

姓名		专业	
学号		班级	

模块 2
建筑施工图的识读与绘制

【教学目标】

知识目标

1.了解建筑物的基本组成和作用,掌握建筑施工图的内容。
2.掌握建筑总平面图、平面图、立面图、剖面图的识读内容和步骤。
3.掌握建筑平面图、立面图、剖面图的绘制方法和步骤。

能力目标

1.能够识读建筑总平面图、平面图、立面图及剖面图。
2.能够绘制建筑平面图、立面图及剖面图。

素质目标

1.培养学生的基本职业素养和良好的劳动纪律观念。
2.具有获取、分析、归纳、交流使用信息的能力。
3.具有自学能力、理解能力、表达能力和沟通与交流能力。
4.培养学生认真做事、细心做事的科学态度。

【课前导读】

黄豆换图纸

日前,导弹院按照航空工业要求编写型号史,邀请了大批老专家座谈。回忆起往昔的峥嵘岁月,专家们感慨万千,讲述了许多动人的故事。

"导弹图纸是用几火车皮黄豆换来的,每公斤图纸折合 22 吨黄豆。"言及此,导弹院退休老专家徐日洲至今还会情绪激动,"图纸资料过度包装,厚厚的马粪纸文件盒里常常只有薄薄的几张图纸,还存在部分核心部件图纸缺失需重新设计的现象。"徐日洲所说的这件事发生在1962 年,那时国民经济异常困难,我国的空空导弹研制尚处于"三无"(无专家、无资料、无设备)的状态,为早日批产空空导弹来装备我国的战机,在粮食原本短缺的情况下,国家毅然决策省出"口粮"从外国换取了我们急需的某型空空导弹图纸。

1958年9月24日,我国海军航空兵飞行员王自重与台湾地区空军的12架敌机遭遇,王自重驾机与敌机展开殊死搏斗,在用航炮击落两架敌机之后,被F-86飞机发射的5枚"响尾蛇"AIM-9B空空导弹中的1枚击中,英雄血洒长空。这就是世界空战史上著名的"9·24"空战,也是空空导弹自诞生以来世界空战史上首次在战争中击中飞机。这沉痛的"第一击",让世界各国普遍认识到空空导弹这一新式武器的重要性。

在"9·24"空战中,我国拣获了最新型的"响尾蛇"空空导弹残骸,这宝贵的导弹残骸引起了国家高度重视,立即组织有关单位专家和工程技术人员,集中对导弹残骸分析测绘,6名参加对华援助的外国专家也参加了此项工作。但因对空空导弹这种新型武器知之甚少,测绘仿制工作举步维艰。后来,我国以参加导弹残骸分析测绘的工程技术人员为班底,组建了自己的空空导弹研究力量,走上了空空导弹研制探索之路。

参与"响尾蛇"空空导弹残骸测绘的外国专家把一套资料和残骸带回本国,约定与中方"知识共享",两年后,其国家仿制的空空导弹研制成功。此时,双方外交关系发生转变,原来承诺的"知识共享"变成了"有偿转让"。几火车皮黄豆,对刚刚度过3年自然灾害的中国来说,是极其昂贵的。"没有空空导弹,我们的战机就是和平鸽",决策层面临两难的选择。在技术水平相差悬殊、极度不对等的情况下,没有讨价还价的筹码,只有"要"或"不要"的抉择。其间,台湾地区国民党空军经常派携带"响尾蛇"空空导弹的飞机袭扰我国大陆,我们的国产战机只有航炮可用,空空导弹快速装备部队已经不能再拖。国家主管部门经过反复思量做出决策,宁愿"再少吃一口",也要上空空导弹引进项目。付出鲜血代价获得导弹残骸,又付出高昂的经济代价取得图纸资料,这一型空空导弹对我国的国防事业来说,既来之不易,又意义重大。

用全国人民节省出来的"口粮"换来的图纸,必须消化吸收并加以充分利用才不辜负国家和人民对空空导弹事业的殷切期望。图纸到国内后,我国确定了"通过仿制,掌握技术,逐步达到独立设计试制自己产品"发展方针,力图通过仿制并加以研究,建立自己的空空导弹研制队伍。

导弹院作为仿制任务总设计师单位,负责技术资料消化吸收和生产试验条件准备。导弹院全体职工感到肩上沉甸甸的责任,迅速组织骨干力量投入对导弹资料的消化吸收工作。在工作过程中,技术人员发现一个重要问题,缺少导弹核心部件动平衡调试不可或缺的关键设备及调试细则。这么核心的部件,这么关键的技术,相关资料竟然缺失了,怎么办?面对突然冒出来的拦路虎,技术人员们没有胆怯,外方资料中没有,我们就自己研究。科研人员凭借智慧与努力,通过大量技术分析与摸索试验,终于设计成功试验设备和试验方法,保证了引进导弹技术资料的完整、正确、配套,为成功仿制奠定了坚实的基础。

随着军事装备更新换代,这型空空导弹早已退役,那些珍贵的图纸也只寂寞地待在档案室尘封的角落里,但通过此型产品引进成长起来的空空导弹研制力量却愈发壮大,我国的空空导弹事业,也按照"从测绘仿制,到吸收关键技术开展自主研制,最后走上具有自主知识产权的创新研制道路"蓝图顺利发展,有望比肩世界先进水平。科学技术日新月异,导弹院在追求空空导弹研制世界先进水平的道路上永不止步……

启示:在实现中华民族伟大复兴的征程上,"卡脖子"问题会在很长一个时期伴随着我们,作为新时代的大学生,越是在外部不确定因素增多、党和国家事业发展的关键时刻,越要发扬自立自强精神,以压力促变革,激发自主创新的骨气和志气,加强关键核心技术集中攻关,主动为国家和民族的发展出力争光。

项目 2.1　建筑施工图的基本知识

2.1.1　建筑的简介

房屋是由承重构件、外围护构件和构造组成的,如图 2.1 所示。承重构件起承重作用,包括屋顶、楼板、梁、柱、墙、基础;外围护构件起隔离风、沙、雨、雪和阳光的作用,如屋顶、窗和外墙;部分构件起沟通房屋内外和上下交通的作用,如门、走廊、楼梯、台阶等;部分构件起通风、采光的作用,如窗;部分构件起排水作用,如天沟、雨水管、散水明沟;部分构件起保护墙身的作用,如勒脚、防潮层。

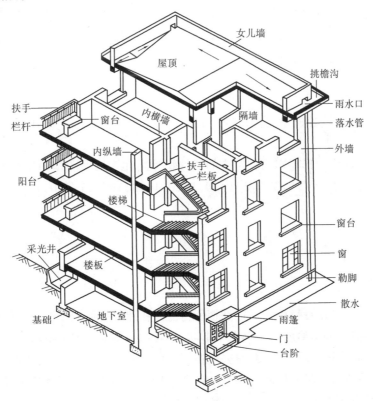

图 2.1　建筑构件的组成

①基础位于墙或柱的最下部,是房屋与地基接触的部分,起支承建筑物作用,并把建筑物的全部荷载传递给地基。

②墙起抵御风霜雨雪和分隔房屋内部空间作用。按受力情况可分为承重墙和非承重墙,

承重墙起传递荷载给基础作用。按位置和方向分为外墙和内墙、纵墙和横墙。

③柱是将上部结构所承受的荷载传递给地基的承重构件,按需要设置;梁则是将支承在其上的结构所承受的荷载传递给墙或柱的承重构件。

④楼板层、地面将房屋的内部空间按垂直方向分隔成若干层,并将作用在其上的荷载连同自重一起传给墙或其他承重构件。

⑤楼梯是房屋的垂直交通设施。

⑥屋顶位于房屋的最上部,是承重结构,也是围护结构,将作用在其上的荷载连同自重一起传给墙或其他承重构件,同时起抵御风霜雨雪和保温隔热等作用。

⑦门的主要功能是交通和疏散。

⑧窗的主要功能是采光和通风。

2.1.2 施工图的分类

房屋施工图因专业不同,一般分为建筑施工图、结构施工图和设备施工图。

①建筑施工图,简称"建施",一般包括设计说明、总平面图、平面图、立面图、剖面图和建筑详图。

②结构施工图,简称"结施",包括设计说明、基础图、结构平面布置图和结构构件详图等。

③设备施工图,包括给排水、电气、采暖通风等专业的设计说明、平面布置图、系统图和大样图,分别简称为"水施""电施""暖施"。

2.1.3 比例

比例的符号为":",比例以阿拉伯数字表示,一般注写在图纸下方图名的右侧,字的基准线取平。

图样的比例,应为图形与实物相对应的线性尺寸之比。根据图样的用途与被绘对象的复杂程度,常用比例包括 1:1,1:2,1:5,1:10,1:20,1:30,1:50,1:100,1:150,1:200,1:500,1:1 000,1:2 000。

2.1.4 符号

1)剖切符号

在建筑制图中,剖切符号用于标记剖切所得立面在建筑平面图中的具体位置,建筑工程施工图中的平面图只能表示房屋的内部水平形状,无法表示竖向房屋内部的复杂构造情形。可用假想的剖切面将房屋作垂直剖切,移去一边,暴露出另一边,然后用正投影方法将其绘制在图纸上,就可充分表现出竖向房屋内部复杂构造的形状。剖切符号宜优先选择国际通用方法,具体如图 2.2 所示。

①剖面剖切索引符号应由直径为 8~10 mm 的圆和水平直径以及 2 条相互垂直且外切圆的线段组成,水平直径上方应为索引编号,下方应为图纸编号,线段与圆之间应填充黑色并形成箭头表示剖视方向,索引符号应位于剖线两端;断面及剖视详图剖切符号的索引符号应位于平面图外侧一端,另一端为剖视方向线,长度宜为 7~9 mm,宽度宜为 2 mm。

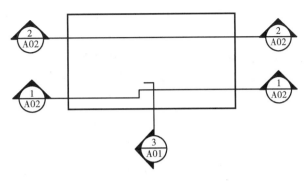

图 2.2　剖切符号

②需要转折的剖切位置线应连续绘制。

③剖号的编号宜由左至右、由下向上连续编排。

在建筑施工图中,剖切符号常用以下方法表示。

①剖切位置线的长度宜为 6~10 mm;剖视方向线应垂直于剖切位置线,长度应短于剖切位置线,宜为 4~6 mm。绘制时,剖视剖切符号不应与其他图线相接触。

②剖视剖切符号的编号宜采用粗阿拉伯数字,按剖切顺序由左至右、由下向上连续编排,并应注写在剖视方向线的端部。

③需要转折的剖切位置线,应在转角的外侧加注与该符号相同的编号。

④断面的剖切符号应仅用剖切位置线表示,其编号应注写在剖切位置线的一侧;编号所在的一侧应为该断面的剖视方向,其余同剖面的剖切符号。

⑤当与被剖切图样不在同一张图内时,在剖切位置线的另一侧应注明其所在图纸的编号,也可在图上集中说明。

⑥索引剖视详图时,在被剖切的部位应绘制剖切位置线,并以引出线引出索引符号,引出线所在的一侧应为剖视方向,如图 2.3 所示。

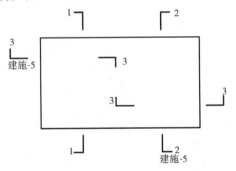

图 2.3　建筑施工图常用剖切符号

2)索引符号与详图符号

在施工图中,有时某一局部会因为比例问题而无法表达清楚,为方便施工须另画详图。一般用索引符号注明画出详图的位置、详图的编号以及详图所在的图纸编号。索引符号和详图符号内的详图编号与各自图纸编号对应一致。

按"国标"规定,索引符号的圆和引出线均应以细实线绘制,圆直径为 8~10 mm。引出线应对准圆心,圆内过圆心画一水平线,上半圆中用阿拉伯数字注明该详图的编号,下半圆中用阿拉伯数字注明该详图所在图纸的图纸号。如果详图与被索引的图样在同一张图纸内,则在下半圆中间画一条水平细实线。索引出的详图,如采用标准图,其标准图册编号应在索引符号水平直径的延长线上加注,如图2.4所示。

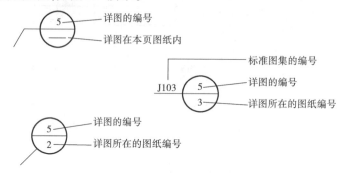

图2.4 索引符号

当索引符号用于索引剖面详图时,应在被剖切的部位绘制剖切位置线,引出线所在一侧应为剖视方向,如图2.5所示。

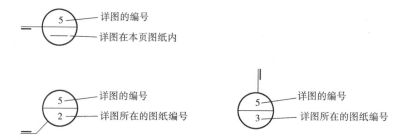

图2.5 用于索引剖切详图的索引符号

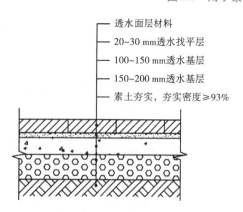

图2.6 多层引出标注

3)引出线

多层构造或多层管道共用引出线,应通过被引出的各层,并用圆点示意对应各层次。文字说明宜注写在水平线的上方或水平线的端部,说明顺序应为由上至下,并应与被说明的层次对应一致;如层次为横向排序,则由上至下的说明顺序应与由左至右的层次对应一致,如图2.6所示。

4)折断线

对于较长的物体,如管子、型钢、杆件、混凝土构件等,当沿长度方向的形状、结构一致或按一定规律变化时,可以假想将其折断,只画两端而把中间部分省略,这种画法称为断开画法。断开处按规定画折断线,折断线用细波浪线绘制。

折断线又称边界线,是在绘制的物体比较长而中间形状又相同时为节省界面使用,如图2.7所示。制图者只绘制两端的效果即可,中间不用绘制。

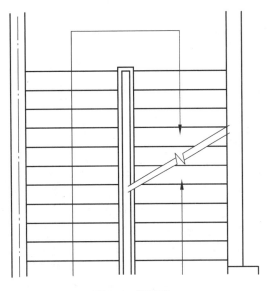

图 2.7　折断线

2.1.5　标高

标高表示建筑物各部分的高度,分绝对标高和相对标高,标高的单位是米(m)。

绝对标高:是以一个国家或地区统一规定的基准面作为零点的标高,我国规定以青岛附近黄海夏季的平均海平面作为标高的零点。除总平面外,一般采用相对标高。

相对标高:以建筑物室内首层主要地面高度为标高的起点所计算的标高称为相对标高。

①建筑标高。在相对标高中,凡包括装饰层厚度的标高,均称为建筑标高,应注写在构件的装饰层面上。

②结构标高。在相对标高中,凡不包括装饰层厚度的标高,均称为结构标高,应注写在构件的底部,是构件的安装或施工高度。结构标高分为结构底标高和结构顶标高。

在建筑施工图中一般标注建筑标高(但屋顶平面图中常标注结构标高),在结构施工图中一般标注结构标高。

③在施工图中经常有一个小小的等腰直角三角形,三角形的尖端向上或向下,这是标高的符号——用细实线绘制、高为 3 mm 的等腰直角三角形,如图 2.8 所示。

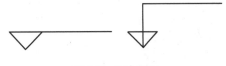

图 2.8　标高符号

④总平面图室外整平地面标高符号为涂黑的等腰直角三角形,标高数字注写在符号的右侧、上方或右上方,如图 2.9 所示。

⑤底层平面图中室内主要地面的零点标高注写为±0.000。低于零点标高的为负标高,在标高数字前加"-",如-0.450。高于零点标高的为正标高,在标高数字前可省略"+",如 3.000。

⑥在标准层平面图中,同一位置可同时标注多次,如图 2.10 所示。

⑦标高符号的尖端应指到被标注的高度位置,尖端可向上,也可向下。

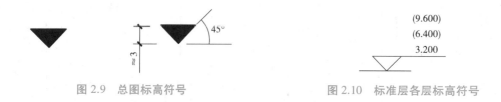

图 2.9　总图标高符号　　　　　　　　　　　图 2.10　标准层各层标高符号

2.1.6　指北针和风玫瑰图

指北针用于表示建筑图样的方位,如图 2.11 所示,其圆的直径宜为 24 mm,用细实线绘制;指北针尾部的宽度宜为 3 mm,指北针头部应注"北"或"N"。须用较大直径绘制指北针时,指北针尾部宽度宜为直径的 1/8。指北针应绘制在建筑物±0.00 标高的平面图上,并放在明显位置,所指的方向应与总平面图一致。

风向频率玫瑰图简称风玫瑰图,用来表示该地区常年的风向频率,也可指示房屋的朝向。风玫瑰图是根据当地多年平均统计的各方向吹风频率的百分数按一定比例绘制的,风向是从外吹向中心,如图 2.11 所示。实线表示全年风向频率,虚线表示按 6,7,8 这 3 个月统计的夏季风向频率。

指北针与风玫瑰图结合时宜采用互相垂直的线段,线段两端应超出风玫瑰轮廓线 2~3 mm,垂点宜为风玫瑰中心,北向应注"北"或"N"。

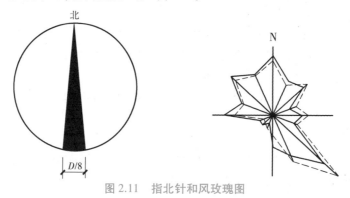

图 2.11　指北针和风玫瑰图

【技能训练】

1.抄绘图纸

(1)剖切符号绘制(图 2.12)

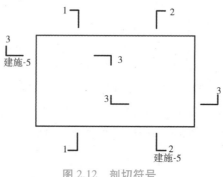

图 2.12　剖切符号

（2）详图索引符号绘制（图 2.13）

图 2.13　详图索引符号

2.抄绘指北针（图 2.14）

图 2.14　指北针

项目 2.2　建筑总平面图的识读

2.2.1　总平面图的概述

总平面图用于建筑物定位、定标高、施工放线、土方工程和施工现场布置。总平面图是反映一定范围内原有、新建、拟建、即将拆除的建筑及其所处周围环境、地形地貌、道路、绿化等情况的水平投影图。总平面图主要表明新建建筑物的平面形状、层数、室内外地面标高,新建道路、绿化、场地排水和管线的布置情况,出入口示意、附属房屋和地下工程位置及功能,与道路红线及城市道路的关系,并标明原有建筑、道路、绿化用地等和新建建筑物的相互关系以及环境保护方面的要求。

总平面图规划范围一般比较大,常用比例 1∶500,1∶1 000,1∶2 000 绘制。总平面图的标高、距离和坐标的单位是米,并应至少取至小数点后两位,不足时以"0"补齐。建筑物、构筑物、铁路、道路方位角（或方向角）和铁路、道路转向角的度数。铁路纵坡度宜以千分计,道路纵坡度、场地平整坡度、排水沟沟底纵坡度宜以百分计,并应取至小数点后一位,不足时以"0"补齐。

建筑总平面图是新建房屋以及设备定位、施工放线的重要依据,也是水、暖、电、天然气等室外管线施工的依据。它表明了新建房屋的位置、朝向、与原有建筑物的关系,以及周围道路、绿化和给水、排水、供电条件等方面的情况,既是新建房屋施工定位、土方施工、设备管网平面布置的依托,又是安排施工时进入现场的材料和构件、配件堆放场地、构件预制场地以及运输道路的根据。总图中建筑密度、容积率、绿地率、建筑占地、停车位、道路布置等应满足设计规范和当地规划局提供的设计要点。

利用原有的与总图上所标相符的地物、地貌,然后用指南针大致定向,用皮尺及角尺粗略地确定新建筑的位置。结合基础平面图和房屋首层平面图,进行放线挖土施工。

2.2.2　总平面图的内容

①比例、指北针和风玫瑰图中,实线表示常年风,虚线表示夏季风。风玫瑰折线上的点离圆心的远近,表示从此点向圆心方向刮风的频率大小。

②建筑红线。红线一般是指各种用地的边界线。它可与道路红线重合,也可退于道路红线之后,但绝不许超越道路红线,在总平面图建筑红线以外不允许建任何建筑物,总图中用一条粗虚线来表示用地红线,所有新建拟建房屋不得超出此红线并满足消防、日照等规范要求。

③原有建筑物、拆除建筑物、新建建筑物和扩建建筑物的总体布局和名称,新建房屋和原有房屋、构筑物的间距。相邻有关建筑、拆除建筑的位置或范围。原有建筑用细实线框表示,并在线框内,数字表示建筑层数。拟建建筑物用虚线表示。拆除建筑物用细实线表示,并在其细实线上打叉。总平面图的主要任务是确定新建建筑物的位置,通常利用原有建筑物、道路、坐标等。

④新建房屋的平面形状、尺寸、位置、朝向、用地范围、标高、层数、出入口和室内外地坪标高。新建房屋用粗实线框表示,在线框内,用数字表示建筑层数,并标高。

⑤附近的地形地物,如等高线、道路、水沟、河流、池塘、土坡等。新建建筑物的周围环境、地形、道路的标高和走向、绿化和构筑物。在总平面图上通常画多条类似徒手画的波浪线,每条线代表一个等高面,即等高线。等高线上的数字代表该区域地势变化的高度。

⑥在总平面图中通常都采用绝对标高。在总平面图中,一般需要标出相对标高,即把室内首层地面的绝对标高定为相对标高的零点,以"±0.000"表示,且建筑物室内外的标高符号不同。

⑦水、暖、电的管线布置。

⑧道路(或铁路)和明沟等的起点、变坡点、转折点、终点的标高与坡向箭头。

2.2.3　总平面图的识读步骤

①识读图名、比例、图例和文字说明,了解图纸的大致情况。

②查看风玫瑰图,确定建筑物的朝向、风向、频率。

③找到规划红线,确定建设整个区域中土地的使用范围。

④查看新建建筑物的室内外高差、平面形状、定位、标高、层数及尺寸等。

⑤查看地形、道路标高、坡度、绿化和周围环境等情况,确定新建建筑物建成后的人流方向和交通情况。

⑥查看道路交通与管线走向的关系,确定管线引入建筑物的具体位置。

2.2.4　总平面图的识读案例

①如图2.15所示,图名为总平面图,图纸比例为1:500,新建建筑物坐北朝南,右上角的风玫瑰图表明该地区全年主导风向是东北风。

②新建建筑物旁边有住宅,水平距离为15.526 m,新建房屋是多边形、用坐标定位了建筑物的尺寸,规划红线确定整个区域中的用地范围。

③新建房屋的底层室内标高为56.4 m,室外地坪标高为55.5 m,底层地面与室外地面的高差为0.9 m,总共16层。

④道路的标高用点和数字表示,坡度和坡向表示地形东高西低。

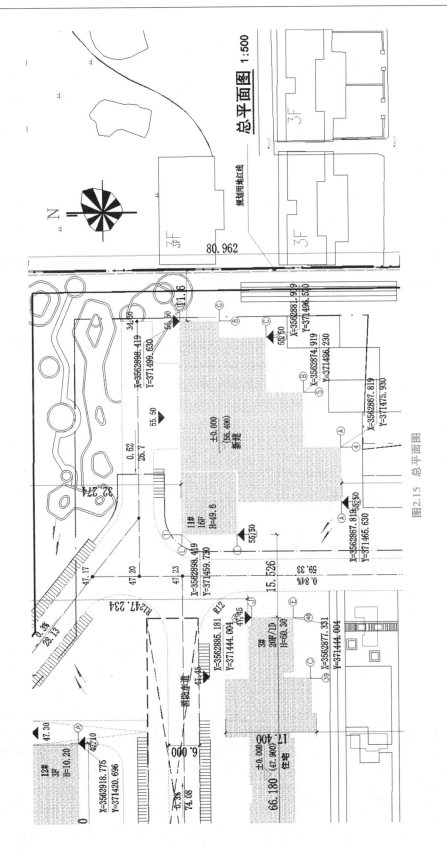

图2.15　总平面图

【技能训练】

1.将新建建筑物四周一定范围内的原有和拆除的建筑物、构筑物连同其周围的地形地物状况用水平投影方法和相应的图例所画出的图样称为＿＿＿。

2.(判断题)总平面图表示出新建房屋的平面形状、位置、朝向及与周围地形、地物的关系等。总平面图是新建房屋定位、施工放线、土方施工及有关专业管线布置和施工总平面布置的依据。(　　)

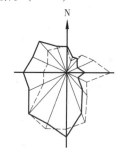

图 2.16　风向频率玫瑰图

3.总平面图上标注的尺寸,一律以＿＿＿＿＿＿＿＿＿＿＿＿为单位。

4.在总平面图中,应画出＿＿＿＿＿＿＿或＿＿＿＿＿＿来表示建筑物的朝向。从图 2.16 中的风玫瑰图可知,该地区常年多为＿＿＿＿＿＿风。

5.总平面图中常用＿＿＿＿＿＿表示建筑物、道路等的位置。常采用的方法有＿＿＿＿＿坐标和＿＿＿＿＿坐标。

6.＿＿＿＿＿＿＿方向的轴线为 X,＿＿＿＿＿＿方向的轴线为 Y,这样的坐标称为测量坐标。

7.建筑坐标网是沿建筑物主墙方向用细实线画成方格网通线,横墙方向(竖向)轴线标为＿＿＿＿＿＿＿,纵墙方向的轴线标为＿＿＿＿＿＿。

8.风玫瑰图中,实线表示＿＿＿＿＿＿的风向频率,虚线表示＿＿＿＿＿＿(6—8 月)的风向频率。

项目 2.3　建筑平面图的识读

2.3.1　平面图的概述

建筑平面图是假想用一个水平剖切平面沿门窗洞口位置将房屋剖切开,移去剖切平面以上的部分,将剩余部分用向下投影所得到的投影图。沿底层门窗洞口剖切得到的平面图称为"首层平面图"或"一层平面图"。沿二层门窗洞口剖切得到的平面图称为"二层平面图"。若房屋的中间层相同则用同一个平面图称为"标准层平面图"。沿最高一层门窗洞口将房屋切开得到的平面图称为"顶层平面图"。将房屋的屋顶直接作水平投影,得到的平面图称为"屋顶平面图"。有的建筑物有地下室平面图和设备层平面图等。

建筑平面图反映房屋墙柱及房间的布局、形状、大小、材料、门窗类型、位置,可见建筑设备布局及标高等。看建筑平面图,了解各空间的建筑功能,结合荷载规范,确定结构设计荷载取值。由柱网及墙体门窗布置,可以确定设计中柱截面大小、梁高和梁的位置。由屋面平面图和效果图可以确定坡屋面是建筑找坡还是结构找坡。

建筑平面图经常采用 1:50,1:100,1:200 比例绘制,其中 1:100 比例最为常用。各种平面图应按正投影法绘制,屋顶平面图是在水平面上的投影,不须剖切,其他平面图则是水平剖切后按俯视方向投影所得的水平剖面图。建筑物平面图应在建筑物的门窗洞口处水平剖切俯视

（屋顶平面图应在屋面以上俯视），图内应包括剖切面及投影方向可见的建筑构造以及必要的尺寸、标高等，如需表示高窗、洞口、通气孔、槽、地沟及起重机等不可见部分，则应以虚线绘制。建筑物平面图应注写房间的名称，并在同张图纸上列出房间的名称表。如建筑物的平面较大，可分区绘制平面图，但每张平面图均应绘制组合示意图，各区应分别用大写拉丁字母编号。在组合示意图中，要提示的分区应采用阴影线或填充方式来表示。为表示室内立面在平面图上的位置，应在平面图上用内视符号注明视点的位置、方向及立面编号。符号中圆圈应用细实线绘制，根据图面比例，圆圈的直径可选择 8~12 mm。立面编号宜用阿拉伯数字。

建筑平面图主要反映房屋的平面形状、大小和房间的相互关系、内部布置，墙的位置、厚度和材料，门窗的位置，以及其他建筑构配件的位置和各种尺寸等。建筑平面图是施工放线、砌墙、安装门窗、室内装修和编制预算的重要依据。

2.3.2 平面图的内容

①图名、比例。

②尺寸和位置。相邻定位轴线之间的距离，横向的称为"开间"，纵向的称为"进深"。从平面图中的定位轴线可以看出墙或柱的布置情况，从总轴线尺寸标注可以看出建筑的总宽度、长度等；从其他尺寸标注可以看出各功能空间的开间、进深、门窗的尺寸和位置等情况。此外，从某些局部尺寸还可以看出墙厚、台阶、室内外标高、阳台、雨篷、踏步、雨水管、散水、排水沟、花池等的位置及尺寸。

③卫生器具、水池、工作台、橱、柜、隔断及重要设备的位置。地下室、地坑、地沟、各种平台、楼阁、墙上留洞等的位置尺寸与标高。

④各层楼地面标高。建筑工程上常将室外地坪以上的第一层室内平面处标高定为零标高，即±0.000 标高处。以零标高为界，地下层平面标高为负值，第一层以上标高为正值。

⑤建筑物的平面定位轴线及尺寸。从定位轴线的编号及间距可以了解各承重构件的位置及房间大小，以便施工时定位放线。

⑥门窗位置及编号。在建筑平面图中，绝大部分房间都有门窗，应根据平面图中标注的尺寸确定门窗的水平位置，然后结合立面图和门窗表确定窗台和窗户的高度。一些还注明高窗窗台离地的高度。门窗按国家标准规定的图例绘制，在图例旁边注写门窗代号，M 表示门，C 表示窗，通常按顺序用不同编号编写为 M-1，M-2，C-1，C-2 等。一些特殊的门窗有特殊的编号。门窗的类型、材料等应列表表示。

⑦屋面情况。屋顶平面图一般包括女儿墙、檐沟、屋面坡度、分水线与落水口、楼梯间、天窗、上人孔及其他构筑物、索引符号等。建筑的屋面分为平屋面和坡屋面，它们的排水方法有很大的不同。坡屋面因为坡度较大，一般采用无组织排水即自由落水（不用进行任何处理，水会顺着坡度自高向低流下）。一些坡屋面建筑在下檐口会设有檐沟，并在其内填 0.5%~1% 的纵坡，坡面上的水流进檐沟，集中到雨水口，然后通过落水管流到地面或排到地下排水管网，这是有组织排水（别墅设计中常采用这种方法）。读图时，应根据实际情况来看屋面的排水。平屋面的排水较为复杂，常通过材料找坡，即由轻质的垫坡材料形成。上人屋面平屋顶材料找坡的坡度小于或等于 2%~3%，不上人屋面一般做找坡层的厚度最薄处不小于 20 mm。识读平屋面的排水图时，应注意的要点有排水坡度、排水分区、落水管的位置等。

⑧剖面位置、细部构造及详图索引。由于平面图比例较小，某些复杂部位的细部构造就不能很明确地表示出来，因此，常通过详图索引将复杂部位的细部构造另外放大比例画出，以更好地表达设计的思想。看图时，可以通过详图索引指向的位置找到相应的详图，然后对照平面

图去理解建筑的真正构造。

⑨仅在建筑平面图上标注剖面图的符号、指北针、楼梯的位置、梯段的走向与级数等。

⑩文字标注。在图纸的下方标注一些重要信息文字。读图时,结合文字说明看建筑平面图才能更深入地了解建筑。

2.3.3　平面图的识读步骤

建筑物的各层平面图中,除顶层平面图外,其他各层建筑平面图中的主要内容及阅读方法基本相同。

①从底层平面图看起,先看图名、比例和指北针,了解平面图的重点内容、绘图比例、房屋朝向和入口数量位置。

②看房屋的外轮廓和内部墙体的情况,确定房屋平面形状、结构类型、房间分布、名称及相互间的联系。

③看图中定位轴线和尺寸标注,从中确定房屋长度、宽度及各功能空间开间、进深、面积、标高和室内外高差,施工时作为定位放线的参考资料。

④确定建筑构件情况,如墙、柱、承载构件、门窗洞口、楼梯、踏步、平台、台阶、花池和散水等的位置、尺寸和数量,了解门窗的类型和数量。

⑤确定建筑配件的情况,如孔洞、管道以及室内设备的大小、位置等,平面图无法明确的要结合立面、剖面和详图进一步确定。

⑥看剖面的剖切符号,了解剖切位置、视图方向和编号。

⑦看楼面的标高、层高和索引符号等。

⑧查看顶层平面图。查看屋顶的建筑构配件位置和尺寸,如女儿墙、雨篷、天沟等位置和尺寸,排水组织、坡屋顶位置和尺寸要结合立面图、剖面图识读。

⑨大样图、详图明确相应构件的样式和细部构造。

2.3.4　平面图的识读案例

①从图 2.17 可知,该图是第一层平面图,绘图比例为 1∶150。

②由指北针符号可知,该建筑坐南朝北,入口北,由建筑最外层的尺寸标注可以确定建筑的长度和宽度。

③该建筑物的大致平面形状是矩形,建筑的结构类型是框架结构,内部墙体布置规整。

④从图中第一层平面布置情况即各房间的分隔和组合、房间名称、出入口、门厅、走廊、楼梯等的布置及相互关系可知,一层有成果展览厅、实训室、教室、准备室、休息室、厕所,建筑内部有 1 个楼梯间。由尺寸标注可知,这些空间的开间、进深、面积、标高和室内外高差。

⑤可以查到建筑构件的信息、墙的厚度,门窗的编号、宽度数量和位置、楼梯间的情况、台阶的步数和尺寸,柱子都是钢筋混凝土材料,散水的做法参考图集。

⑥图纸给出了建筑剖面图的剖切位置、视图方向和编号、索引符号等。剖切符号是A—A,剖视方向向右。

【技能训练】

识读平面图,如图 2.18 所示。

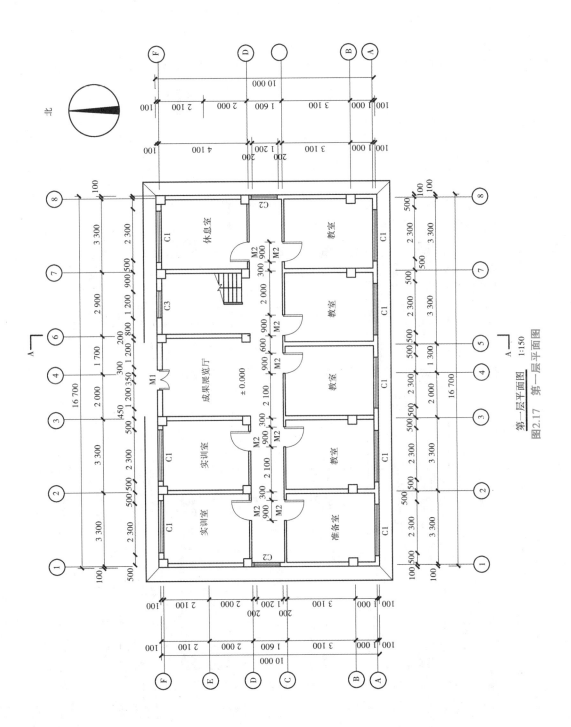

第一层平面图

图2.17 第一层平面图 1:150

99

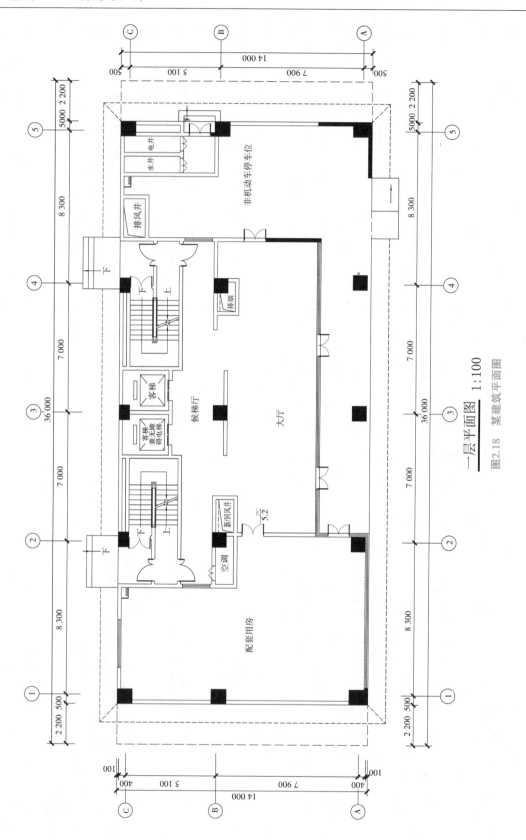

一层平面图 1∶100

图2.18 某建筑平面图

项目 2.4　建筑立面图的识读

2.4.1　立面图的概述

建筑立面图主要反映房屋外部造型和外墙面装饰材料与装饰要求以及所见到的各种构件的形状、位置、做法的图样、标高和布置及层高等。立面图的数量是根据建筑物立面的复杂程度来定的,可能有 2 个、3 个或 4 个。

建筑立面图的常用命名方式有以下两种:

①按房屋的朝向命名。分为东立面图、西立面图、南立面图、北立面图。

②按轴线编号命名。例如①~⑦立面图、⑦~①立面图、Ⓐ~Ⓗ立面图、Ⓗ~Ⓐ立面图。

2.4.2　立面图的内容

①图名、比例、立面两端的定位轴线及编号。立面图采用的比例通常与平面图相同。立面图两端的定位轴线及编号要与平面图对应,以便于明确与平面图的联系。

②室外地平线、建筑整体外轮廓和屋顶造型。

③门窗的形状和布置。门窗是按照有关图集绘制的,特殊的门窗,如不能直接选用标准图集,还会附有详图或大样图。

④外墙上的一些构筑物。如勒脚、台阶、花台、雨篷、阳台、檐口、屋顶和外墙面的壁柱雕花等。

⑤标高和竖向尺寸标注。标高的单位是米(m),需要标注的内容包括室内外地坪、进出口地面、门窗洞口上下口、楼层面平台、台阶、阳台、雨篷、檐口和女儿墙等,可以明确建筑的总高度和层高。

⑥外墙面的装饰材料、做法和色彩。通过标注详图索引,复杂部分的构造可以另画详图来表达。

2.4.3　立面图的识读步骤

①首先识读立面图上的图名和比例,由立面图两端的轴线及其编号对应平面图上的相应信息。

②看建筑立面的建筑整体外轮廓和屋顶造型。

③查看门窗、阳台栏杆、台阶、屋檐、雨篷、出屋面排气道等的形状及位置。

④看标高和尺寸,确定建筑的总高度和层高,室内外地坪、进出口地面、门窗洞口上下口、楼层面平台、台阶、阳台、雨篷、檐口和女儿墙等标高和尺寸。

⑤看外墙面装饰材料的颜色、材料、分格做法和选用的图集等。

2.4.4　立面图的识读案例

①由图 2.19 和两端轴线的编号可知,该图为建筑物①~⑥轴立面图,比例与平面图相同,为 1:100。该立面反映该建筑的主要外貌特征和装饰风格。

②该图展示大楼①~⑥轴立面的整个外貌形状是矩形。可以了解该侧的屋顶、门窗等细部的形式和位置。

③从图中给出的标高可知高度关系。在立面图的左侧和右侧都标注有标高,从左侧所标注的标高可知,该房屋室外地坪标高为 0 m,室内标高为±0.000 m,即室内外标高差为 0 m。屋顶标高为 10.100 m,所以该建筑的总高度为 10.100 m。由第二层竖向标注和标高可以确定每层层高。

④从图中引线所标示的外装材料可知外墙面装修做法,墙面主要是砖红色金属氟碳漆。

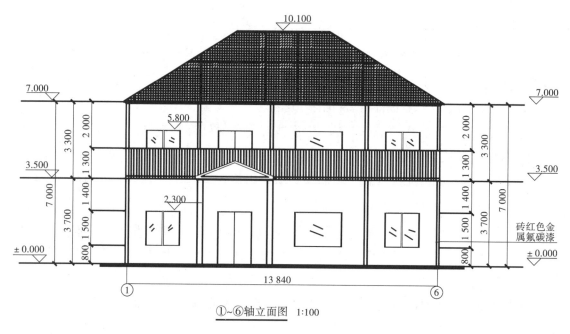

①~⑥轴立面图　1:100

图 2.19　①~⑥轴立面图

【技能训练】

识读立面图,如图 2.20 所示。

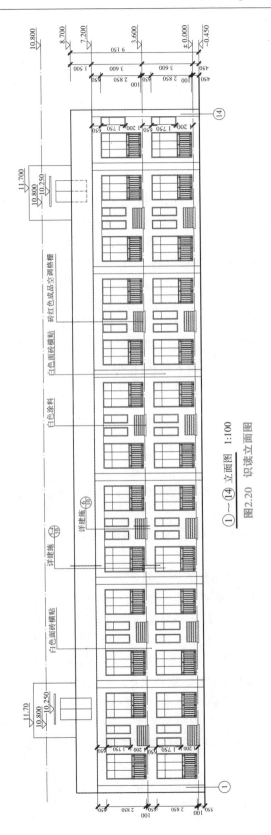

①～⑭立面图 1:100

图2.20　识读立面图

项目 2.5　建筑剖面图的识读

2.5.1　剖面图的概述

建筑剖面图指的是假想用一个或多个垂直于外墙轴线的铅垂剖切面,将房屋剖开,移去剖切面和观察者之间的部分后剩余部分的正投影图。

剖面图的图名应与平面图上所标注的剖切符号编号一致。建筑剖面图主要表达建筑物内部的结构形式、构造做法、楼层分层、垂直方向的高度,如屋顶形式、楼板布置、楼梯的构造和各部位的联系、材料,各层梁、板的位置及其与墙、柱的关系,屋顶的结构形式及其尺寸等。

剖面图的数量是根据房屋的具体情况和施工实际需要而决定的。剖切面一般横向,即平行于侧面,必要时也可纵向,即平行于正面。其位置应选择在能反映出房屋内部构造比较复杂与典型的部位,并应通过门窗洞的位置。若为多层房屋,应选择在楼梯间或层高不同、层数不同的部位。剖面图的图名应与平面图上所标注的剖切符号编号一致。

一般情况下,简单的楼房有两个剖面图即可。一个剖面图表达建筑的层高、被剖切到的房间布局及门窗的高度等;另一个剖面图表达楼梯间的尺寸、每层楼梯的踏步数量及踏步的详细尺寸、建筑入口处的室内外高差、雨篷的样式及位置等。

2.5.2　剖面图的内容

①剖面图的名称一般以数字或拉丁字母编号加“剖面图”表示,如 1—1 剖面图,其编号应与平面图上的剖切线编号一致。

②建筑剖面图的比例与平、立面图相同,常用 1∶100,若比例大于 1∶50,应画出构配件的材料图例。

③定位轴线绘制与平面图中的相似,要画出剖切到的承重墙柱的轴线及编号。剖面图中应注详图索引符号。

④剖切到的构配件,剖切到室内底层地面、地坑、地沟、各层楼面、顶棚、屋顶(包括檐口、女儿墙、隔热层或保温层、天窗、烟囱、水池等)、门、窗、楼梯、阳台、雨篷、留洞、墙裙、踢脚板、防潮层、室外地面、散水、排水沟及其他装修等剖切到或能见到的内容。

⑤各部位完成面的标高,室内外地面、各层楼面与楼梯平台、檐口或女儿墙顶面、高出屋面的水池顶面、烟囱顶面、楼梯间顶面、电梯间顶面等处的标高。

⑥剖面图尺寸标注。外部尺寸包括室外地坪、外墙上的门窗洞口、檐口、女儿墙顶部等尺寸;内部尺寸包括室内地面、各层楼面、屋面、楼梯平台的标高及室内门窗洞的高度尺寸。

⑦楼、地面各层构造。一般可用引出线说明。引出线指向所说明的部位,并按其构造的层次顺序逐层加以文字说明。若另画有详图或已有“构造说明一览表”,在剖面图中可用索引符号引出说明。

⑧剖面图中不能用图纸的方式表达清楚的地方,应注释以适当的施工说明。详图索引符号用于引出详图。

2.5.3　剖面图的识读步骤

①图名、轴线编号和绘图比例。将剖面图与底层平面图对照,确定建筑剖切的位置和投影的方向。

②建筑重要部位的竖向位置关系,墙、梁、板和柱的尺寸标高等。

③门窗的竖向位置和尺寸。

④楼地面、屋面和楼梯的形式和构造。

⑤其他构配件的形式和构造,如台阶、坡道、雨篷、檐口、女儿墙、阳台和吊顶等。

⑥文字说明和索引符号。

2.5.4　剖面图的识读案例

①如图 2.21 所示,为 Ⓐ~Ⓕ剖面图,绘图比例为 1:120。

②此建筑物剖切到的梁板和柱截面涂黑表明,该建筑为钢筋混凝土结构。

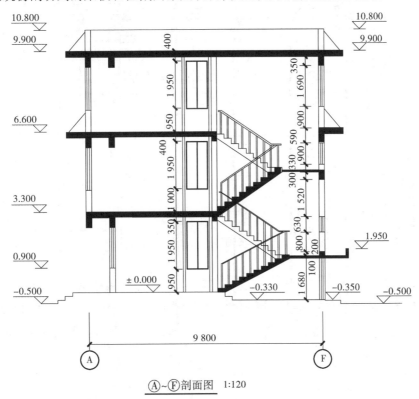

Ⓐ~Ⓕ剖面图　1:120

图 2.21　Ⓐ~Ⓕ剖面图

③此建筑物共 3 层,总高度为 10.8 m,层高均为 3.3 m,建筑两端室内外高差均为0.5 m。

【技能训练】

识图剖面图,如图 2.22 所示。

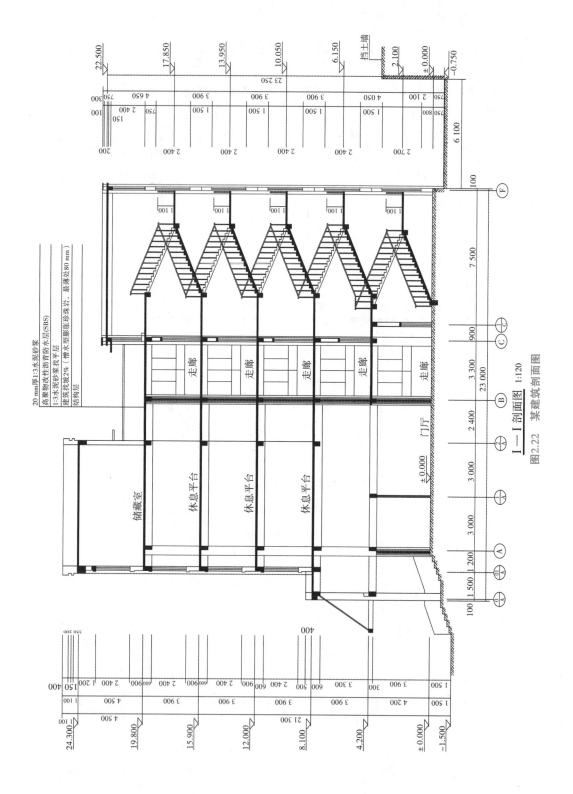

图2.22 某建筑剖面图

I—I 剖面图 1:120

项目 2.6　CAD 绘制建筑平面图

2.6.1　绘制要求

①平面图上一般有 3 种线型:粗实线、中粗实线和细实线。其中,墙体、柱子等断面的轮廓线、剖切符号以及图名底线用粗实线,窗台、台阶、楼梯等用中粗实线,标高符号等用细实线,如需反映高窗、地沟等不可见部位,可用虚线。若有在剖切位置以上的构件,则可用细虚线或中粗虚线。

②要标注 3 道尺寸。第一道是楼层长度和宽度尺寸;第二道是轴线间距的尺寸,注写各功能空间的开间、进深;第三道是注写门窗洞口尺寸和位置的细部尺寸。其他细部尺寸可以直接标注在图样内部或就近标注,注写墙厚、台阶、室内外标高、阳台、雨篷、踏步、雨水管、散水、排水沟、花池等的位置及尺寸。在建筑平面图上,轴线编号的次序为:横向自左向右用阿拉伯数字编写,竖向从下至上用大写拉丁字母编写。

③底层平面图要绘制指北针指明建筑物的朝向,圆的直径宜为 24 mm,用细实线,指针尾部的宽度宜为 3 mm,指针头部应标示"北"或"N"。须用较大直径绘制指北针时,指针尾部的宽度宜为直径的 1/8。

④屋顶平面图要绘制排水状况。

⑤剖切位置线的长度宜为 6~10 mm;投射方向线应与剖切位置线垂直,画在剖切位置线的同一侧,长度应短于剖切位置线,宜为 4~6 mm。为了区分同一形体上的剖面图,在剖切符号上宜标注字母或数字,注写在投射方向线的一侧。

⑥平面图上应注写房间的名称或编号。

⑦可分区绘制平面较大的建筑物的平面图,但每张平面图均应绘制组合示意图。各区应分别用大写拉丁字母编号。在组合示意图中,对要提示的分区应用阴影线或图案填充。

⑧为表示室内立面在平面图上的位置,应在平面图上用内视符号注明视点位置、方向及立面编号。符号中的圆圈应用细实线,根据图面比例,圆圈的直径可选择 8~12 mm,立面编号宜用拉丁字母或阿拉伯数字。

⑨钢筋混凝土构件应涂黑,在平面图中,建筑配件一般都用图例表示。

2.6.2　绘图步骤

绘图步骤一般为绘制定位轴线、绘制墙体、绘制门窗、绘制细部(楼梯、柱子、散水、卫生间等)、尺寸标注、文字说明(门窗代号和房间名称)和编写图例。

①设置图层,如图 2.23 所示。

②绘制轴线,如图 2.24 所示。

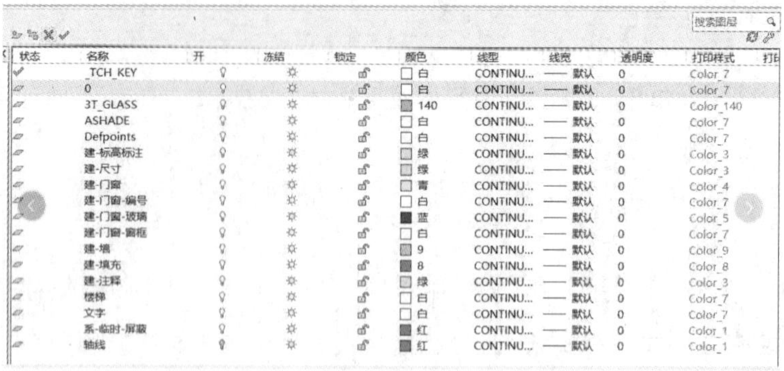

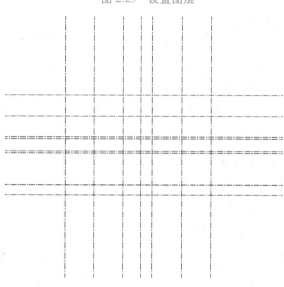

图 2.23　设置图层

图 2.24　绘制轴线

③绘制墙体和柱子,如图 2.25 所示。

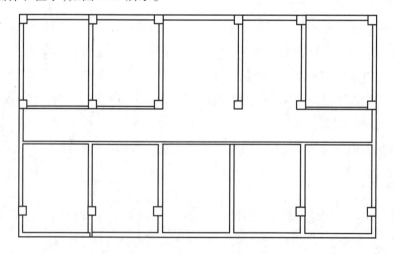

图 2.25　绘制墙体和柱子

④开门窗洞口,如图 2.26 所示。

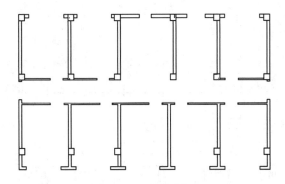

图 2.26　开门窗洞口

⑤绘制门窗,如图 2.27 所示。

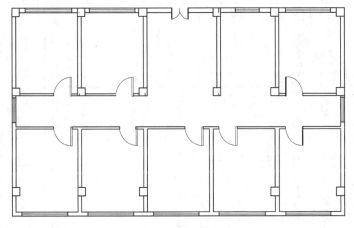

图 2.27　绘制门窗

⑥绘制楼梯、散水,如图 2.28 所示。

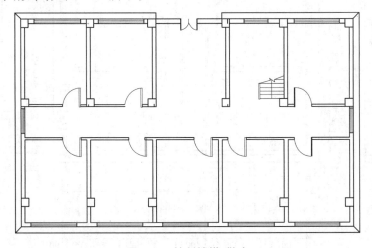

图 2.28　绘制楼梯、散水

⑦标注和轴线编号,如图 2.29 所示。

⑧注写文字,如图 2.30 所示。

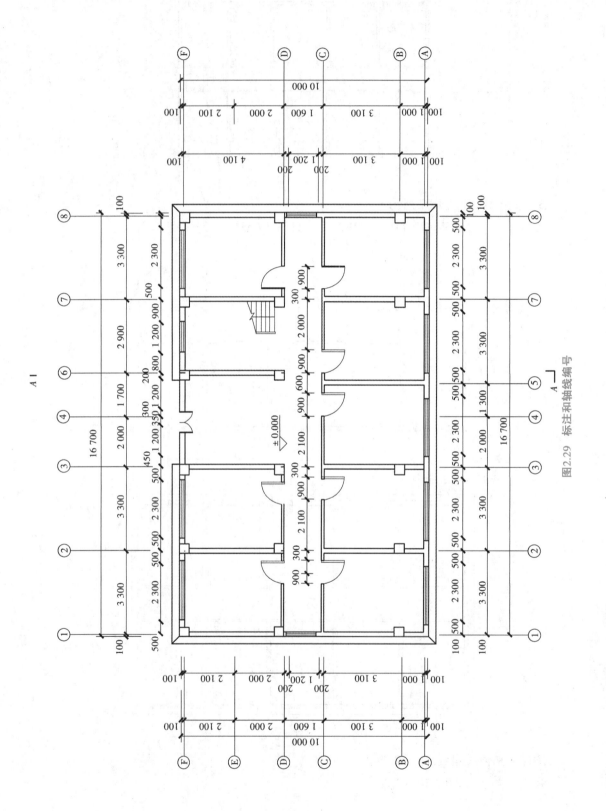

图2.29 标注和轴线编号

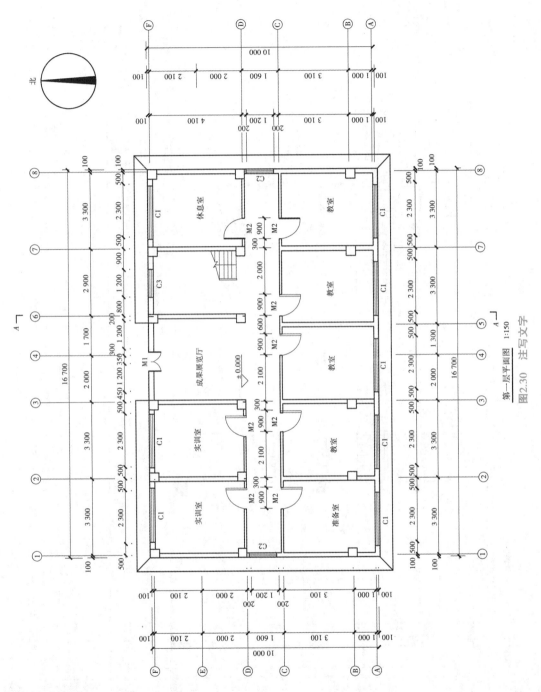

第一层平面图 1:150　注写文字

图 2.30

【技能训练】

绘制某建筑平面图,如图 2.31 所示。

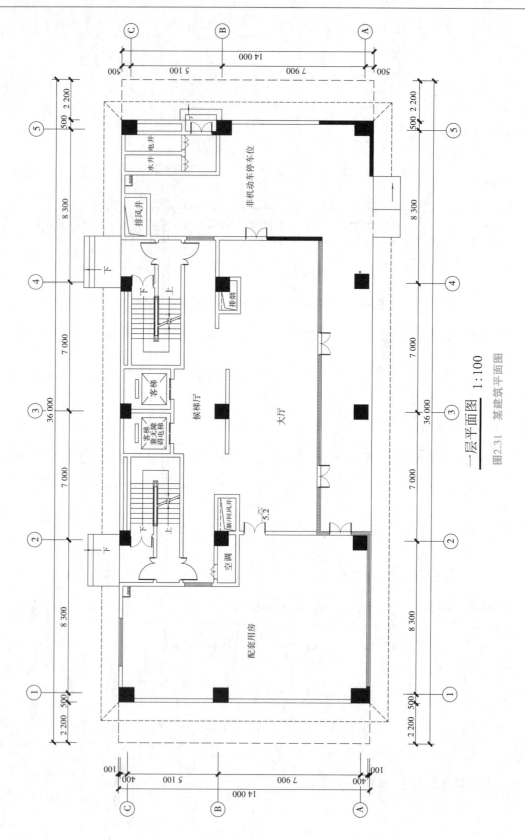

一层平面图 1:100

图2.31 某建筑平面图

项目 2.7　CAD 绘制建筑立面图

2.7.1　绘制要求

（1）定位轴线

在立面图中，一般只绘制两条定位轴线，且分布在两端，与建筑平面图相对应，确认立面的方位，以方便识图。

（2）线型

为了突显建筑物立面的轮廓，层次分明，室外地坪线用加粗实线（1.4b）；建筑物的整体外轮廓用粗实线（b）；阳台、雨篷、门窗洞和台阶等用中实线（0.5b）；门窗扇、雨水管、尺寸线、高程、文字说明的指引线、墙面装饰线等用细实线（0.25b）。

（3）门窗和细部的构造

门窗和细部的构造也常采用图例来绘制，绘制时只需画出轮廓线和分格线，门窗框用双线，相同的门窗、阳台、外檐装修、构造做法等，只需在局部将图例画全或用文字注明；门窗框的双线间距不宜大于 0.8 mm，以免引起稀疏的错觉。

（4）尺寸标注

立面图标注高度方向的尺寸分两层，分别是细部尺寸、层高尺寸。细部尺寸用于表示室内外地面高度差、窗口下墙高度、门窗洞口高度、洞口顶部到上一层楼面的高度等；层高尺寸用于表示上下层地面之间的距离，除此之外，还应标注其他无详图的局部尺寸。

（5）标高

立面图中须标注房屋主要部位的相对标高，如建筑室内外地坪、各级楼层地面、檐口、女儿墙压顶、雨篷等。

（6）索引符号

索引符号反映建筑物的细部构造和具体做法常用较大比例的详图，并用文字和符号加以说明。因此，凡须绘制详图的部位，都应标上详图的索引符号，具体要求与平面图相同。

2.7.2　绘制步骤

①图层设置，如图 2.32 所示。

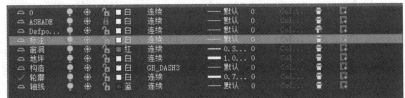

图 2.32　图层设置

②绘制室外地平线、外墙轮廓和屋顶线，如图 2.33 所示。

③绘制门窗洞线，如图 2.34 所示。

④绘制门窗，如图 2.35 所示。

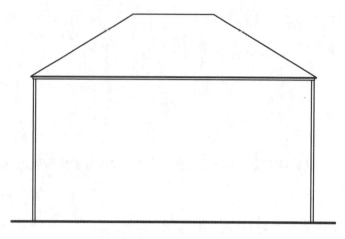

图 2.33　绘制外轮廓

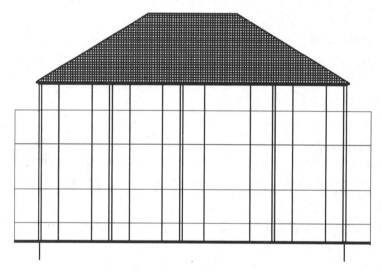

图 2.34　绘制门窗洞线

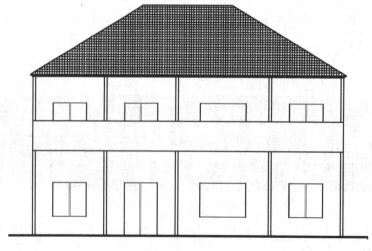

图 2.35　绘制门窗

⑤绘制雨篷、栏杆,如图 2.36 所示。

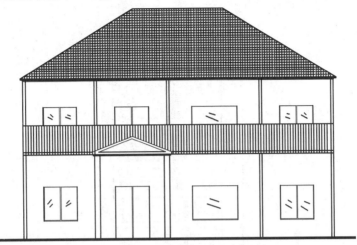

图 2.36　绘制雨篷、栏杆

⑥尺寸标注和文字,如图 2.37 所示。

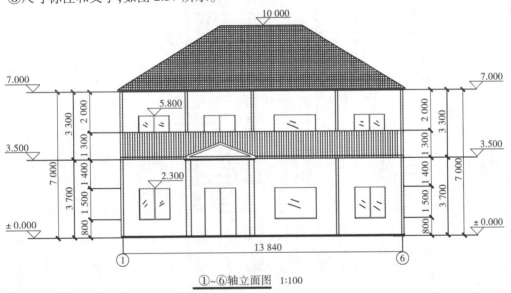

①~⑥轴立面图　1:100

图 2.37　注写文字

【技能训练】

绘制某建筑立面图,如图 2.38 所示。

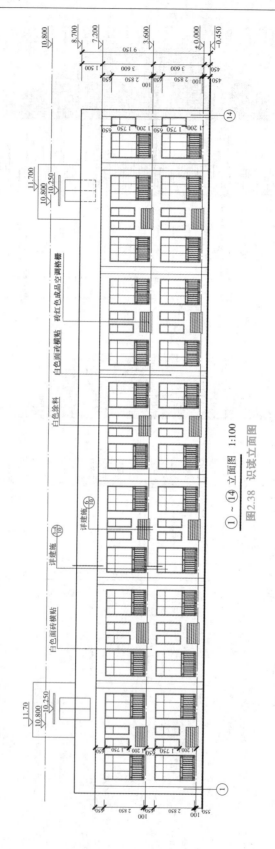

① ~ ⑭ 立面图 1:100

图2.38 识读立面图

项目 2.8　CAD 绘制建筑剖面图

2.8.1　绘制要求

(1)图线

剖切到的室外地坪线及构配件轮廓线,如女儿墙、内外墙等的轮廓线,用粗实线。剖切后的可见构件轮廓线,如女儿墙顶面、南北阳台外廓、各层楼梯的上行第二梯段与扶手轮廓等以及剖切到的窗户图例,用细实线。

(2)构件填充黑色

钢筋混凝土的梁、板可在断面处涂黑,以区别于砖墙和其他材料。

(3)标高

剖面图的主要部位,如女儿墙顶面、屋(楼)面板的顶面、楼梯平台顶面、窗台上下口等处的高度,以标高形式注出。

(4)尺寸标注与其他标注

各楼层的层高、门窗洞的高度及其定位尺寸等以竖向尺寸的形式标注,轴线的间距以横向尺寸的形式标注。

(5)详图索引符号

外墙、楼梯等处如需要另画详图,应在剖面图中画出详图索引符号与编号。

2.8.2　绘制步骤

①图层设置,如图 2.39 所示。

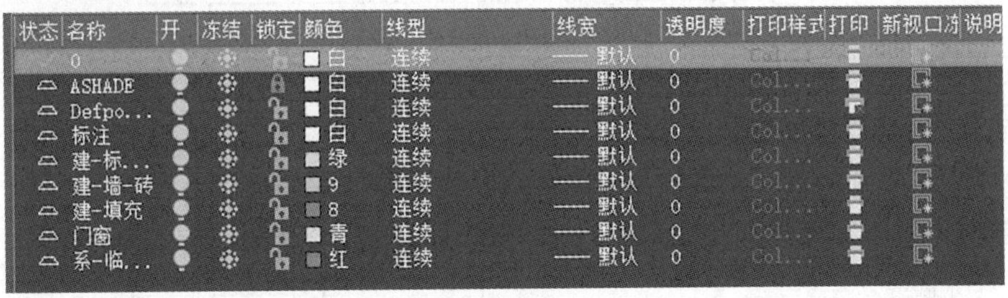

状态	名称	开	冻结	锁定	颜色	线型	线宽	透明度	打印样式	打印	新视口冻	说明
	0				白	连续	—— 默认	0	Col...			
	ASHADE				白	连续	—— 默认	0	Col...			
	Defpo...				白	连续	—— 默认	0	Col...			
	标注				白	连续	—— 默认	0	Col...			
	建-标...				绿	连续	—— 默认	0	Col...			
	建-墙-砖				9	连续	—— 默认	0	Col...			
	建-填充				8	连续	—— 默认	0	Col...			
	门窗				青	连续	—— 默认	0	Col...			
	系-临...				红	连续	—— 默认	0	Col...			

图 2.39　图层设置

②轴线和编号,如图 2.40 所示。

③绘制墙体、楼板、门窗洞和屋檐,如图 2.41 所示。

④绘制门窗、楼梯扶手,如图 2.42 所示。

⑤标注尺寸,如图 2.43 所示。

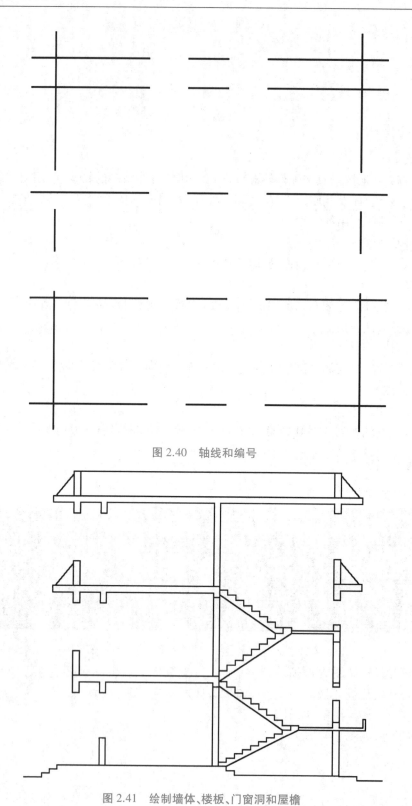

图 2.40　轴线和编号

图 2.41　绘制墙体、楼板、门窗洞和屋檐

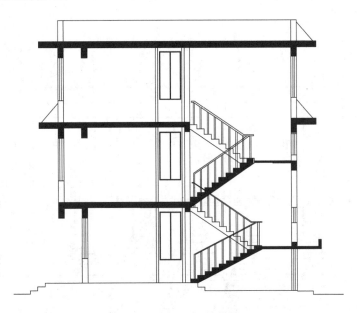

图 2.42　绘制门窗、楼梯扶手

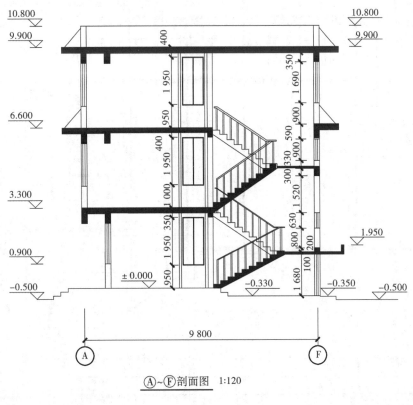

Ⓐ~Ⓕ剖面图　1:120

图 2.43　标注尺寸

【技能训练】

绘制某建筑剖面图,如图 2.44 所示。

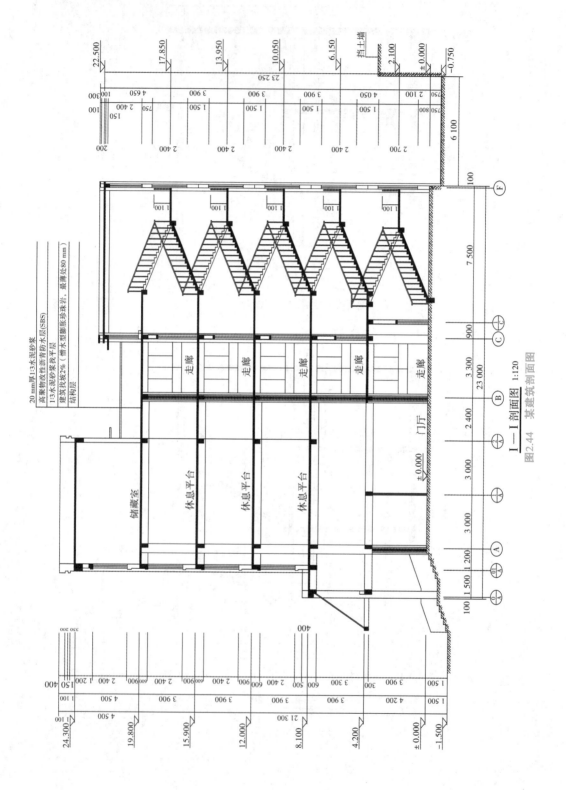

I—I 剖面图 1:120

图2.44 某建筑剖面图

模块 3
消防工程施工图的识读与绘制

【教学目标】

知识目标

1.了解建筑消防设施管理的一般规定,熟悉建筑消防设施的设置要求与基本管理职责,掌握建筑消防设施的概念、组成及分类。

2.掌握消防工程施工图的常见图例。

3.掌握消防工程施工图的识读步骤和方法。

能力目标

1.具备识读消火栓系统施工图、自动喷水灭火系统施工图的能力。

2.具备识读火灾自动报警系统施工图的能力。

3.具备识读通风与防排烟系统施工图的能力。

素质目标

1.培养学生严谨的工作作风和团队合作、艰苦奋斗、吃苦耐劳、乐于奉献的精神。

2.使学生自觉遵守国家法规,遵守社会公德和职业道德。

3.培养学生的创新意识、创新思维、创新能力,为创新创业打下良好的基础。

【课前导读】

莫让逃生通道变成"死亡"通道

2018 年 8 月 25 日凌晨,哈尔滨市松北区××温泉酒店发生火灾,火灾系 2 楼厨房起火引发,过火面积约为 400 m²。火灾共造成 20 人死亡、20 多人受伤。

从黑龙江省公安消防总队网站查询到,从 2017 年 12 月到 2018 年 4 月,当地对哈尔滨××温泉休闲酒店有限公司共进行 6 次消防监督抽查。结果显示,两个月内 4 次抽查均为不合格,时间分别为 2017 年 12 月 21 日、2018 年 1 月 10 日、2018 年 1 月 25 日、2018 年 2 月 23 日。

另外,2017年8月,当地媒体报道,××温泉景区接待大厅消火栓门被木质雕塑遮挡,门框上"安全出口"指示灯不亮;更衣室内未设"安全出口"指示灯,也未看到灭火器;温泉区通往客房的两处台阶上贴有"安全出口"字样,但指向的大门却被封住。

启示:该酒店火灾事故告诉我们,熟读消防逃生路线图、掌握逃生知识、确证逃生通道畅通,关系到生命安全,不容忽视!酒店逃生应遵循以下原则:

①熟悉安全逃生路线,一般酒店门后都有酒店消防安全示意图,如图3.1所示,一般都用红色箭头指明疏散方向,为确保安全,刚入住酒店时应根据指示亲自到安全出口检查,以便在发生火灾时能够从容逃生。

②一旦发现火灾,千万不能打开房门观望,因为火灾时容易形成冷热空气对流,使烟火扑面而来。此时最好的办法是,迅速用水浸湿床单、毛巾等,堵塞房门的空隙,防烟气蹿入,然后用湿毛巾捂住口鼻,等待救援。

③现在很多酒店客房内都备有自救缓降器和自救绳,入住时就应向服务员问明放置位置和使用方法,一旦发生火灾,可迅速逃生。

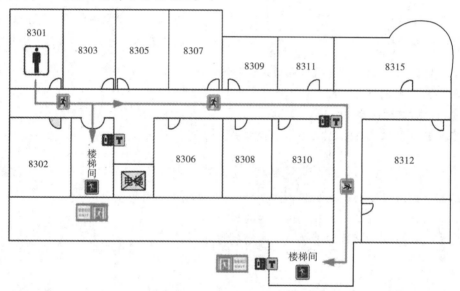

— 您所在的位置; — 紧急出口; — 安全楼梯; — 紧急疏散方向; — 灭火器; — 消火栓

温馨提示:如发生火警、火灾,请保持冷静,并注意以下事项:
1.不要惊慌;2.用衣物或湿毛巾等物捂住口鼻低姿前进,以防吸入烟气;3.立刻疏散至最近安全出口;迅速沿楼梯疏散;
4.不要搭乘电梯。

图3.1 消防安全示意图

消防工程是用于防范和扑救建筑火灾的系统工程,是为保障人民生命和财产安全而建立的一条完整的体系,包括消火栓系统、自动喷水灭火系统、防排烟系统、火灾自动报警系统等。

消防工程图一般由设计施工说明、主要设备材料表、平面图、系统图、局部平面放大图和剖面图等组成。

①设计施工说明。设计施工说明包括工程概况、设计依据、设计用途、管路形式及设备类型、规格型号、材质与安装质量要求,并列有主材设备表。

②主要设备材料表。主要设备材料表将用到的材料和设备以表格的形式详细列出,包含型号、规格、数量等。常用设备有消火栓、消防水泵、水泵接合器、喷头、水流指示器、报警阀组、

探测器以及阀门附件等。

③平面图。消防平面图应按规定的图例,以正投影法绘制在平面图上,其图线应符合制图规范规定,平面图应表示出消防管道、消火栓、水池水泵、喷洒水头、消防水箱、消防稳压装置、灭火器、立管、上弯或下弯以及主要阀门、附件等的位置、尺寸、型号、管道的坡度等。

④系统图。系统图应表示出管道内的介质流经的设备、管道、附件、管件等连接和配置情况。系统图中,引入管、立管、支管、消防设备、附件和仪器仪表等要素应与平面图相对应,表明消防用管道、设备、阀门等在空间上相互连接的位置情况、相关规格尺寸和安装尺寸。系统图与平面图结合紧密,应相互对照识读。

⑤局部平面放大图。在平面图难以表达清楚时,应绘制消防工程设备机房、局部消防设施和末端试水装置等详图。详图应按图例绘出各种管道与设备、设施及器具等相互接管关系及在平面图中的平面定位尺寸,各类管道上的阀门、附件应按图例、比例、实际位置绘出,并应标注出管径。

⑥剖面图。当消防设备、设施数量多或管道重叠、交叉多且用轴测图难以表示清楚时,应绘制剖面图。剖面图的剖切位置应选在能反映设备、设施及管道全貌的部位。剖面图还应表示出设备、设施和管道上的阀门、附件和仪器仪表等位置及支架(或吊架)形式。剖面图中,应标注出设备、设施、构筑物、各类管道的定位尺寸、标高、管径以及建筑结构的空间尺寸。

项目 3.1　消防给水系统施工图的识读

3.1.1　室内消火栓系统

室内消火栓给水系统是建筑物应用较广泛的一种消防设施,既可供火灾现场人员使用消火栓箱内的消防水喉、水枪扑救初起火灾,又可供消防救援人员扑救建筑物的大火。室内消火栓实际上是室内消防给水管网向火场供水的带有专用接口的阀门,其进水端与消防管道相连,出水端与水带相连。

1)室内消火栓系统的组成及工作原理

(1)室内消火栓系统的组成

室内消火栓给水系统由消防给水、管网、室内消火栓及系统附件等组成。其中,消防给水包括市政管网、室外消防给水管网、室外消火栓、消防水池、消防水泵、消防水箱、稳压泵、水泵接合器等,该设施的主要任务是为系统储存并提供灭火用水。消防给水管网包括进水管、水平干管、消防竖管等,其任务是向室内消火栓设备输送灭火用水。室内消火栓设备包括水带、水枪、水喉等,是供消防救援人员灭火使用的主要工具。系统附件包括各种阀门、屋顶消火栓等。报警控制设备用于启动消防水泵。

(2)室内消火栓系统的工作原理

室内消火栓给水系统的工作原理与系统采用的给水方式有关,通常建筑消防给水系统采用的是临时高压消防给水系统。

在临时高压消防给水系统中,系统设有消防水泵和高位消防水箱。当火灾发生后,现场人员可以打开消火栓箱,将水带与消火栓栓口连接,打开消火栓的阀门,消火栓即可投入使用。按下消火栓箱内的按钮向消防控制中心报警,同时设在高位水箱出水管上的流量开关和设在消防水泵出水干管上的压力开关或报警阀压力开关等开关信号应能直接启动消防水泵。在供水初期,由于启动消火栓泵需要一定时间,初期水由高位消防水箱供给。消火栓泵还可由消防现场、消防控制中心启动,一旦启动消火栓泵便不得自动停泵,停泵只能由现场手动控制。

2) 室内消火栓系统的设置场所

(1) 应设室内消火栓系统的建筑

①建筑占地面积大于 300 m² 的厂房(仓库)。

②体积大于 5 000 m³ 的车站、码头、机场的候车(船、机)楼以及展览建筑、商店建筑、旅馆建筑、医疗建筑和图书馆建筑等单、多层建筑。

③特等、甲等剧场和超过 800 个座位的其他等级的剧场和电影院等以及超过 1 200 个座位的礼堂、体育馆等单、多层建筑。

④建筑高度大于 15 m 或体积大于 10 000 m³ 的办公建筑、教学建筑和其他单、多层民用建筑。

⑤高层公共建筑和建筑高度大于 21 m 的住宅建筑。

⑥对于建筑高度不大于 27 m 的住宅建筑,当确有困难时,可只设置干式消防竖管和不带消火栓箱的 DN65 室内消火栓。

(2) 可不设室内消火栓系统的建筑

①存有遇水燃烧、爆炸的物品的建筑物,室内没有生产、生活给水管道且室外消防用水取自储水池且建筑体积不大于 5 000 m³ 的其他建筑。

②耐火等级为一、二级且可燃物较少的单、多层丁、戊类厂房(仓库),耐火等级为三、四级且建筑体积小于或等于 3 000 m³ 的丁类厂房和建筑体积小于或等于 5 000 m³ 的戊类厂房(仓库)。

③粮食仓库、金库以及远离城镇且无人值班的独立建筑。

国家级文物保护单位的重点砖木或木结构的古建筑,宜设置室内消火栓系统。

人员密集的公共建筑、建筑高度大于 100 m 的建筑和建筑面积大于 200 m² 的商业服务网点内,应设置消防软管卷盘或轻便消防水龙。高层住宅建筑的户内宜配置轻便消防水龙。

3) 室内消火栓系统的类型

按建筑类型的不同,室内消火栓系统可分为低层建筑室内消火栓给水系统和高层建筑室内消火栓给水系统。同时,根据低层建筑和高层建筑给水方式的不同,可再细分。给水方式指建筑物消火栓给水系统的供水方案。

(1) 低层建筑室内消火栓给水系统及其给水方式

低层建筑室内消火栓给水系统指设置在低层建筑物内的消火栓给水系统。低层建筑发生火灾时,既可利用其室内消火栓设备接上水带、水枪灭火,又可利用消防车从室外水源抽水直接灭火。低层建筑室内消火栓给水系统的给水方式分为以下两种。

①直接给水方式。直接给水方式无加压水泵和水箱,室内消防用水直接由室外消防给水

管网提供,其构造简单、投资少,可充分利用外网水压,节省能源。但由于其内部无储存水,外网一旦停水,则内部立即断水,可靠性差。当室外给水管网所供水量和水压在全天任何时候均能满足系统最不利点消火栓设备所需水量和水压时,可采用这种给水方式。

当生产、生活、消防合用管网时,这种给水方式进水管上设置的水表应考虑消防流量,当只有一条进水管时,可在水表节点处设置旁通管。

水泵安装

②间接给水方式。这种给水方式同时设有消防水泵和消防水箱,是最常用的给水方式。系统中消防用水平时由屋顶水箱提供,生产、生活水泵定时向水箱补水,火灾发生时可启动消防水泵向系统供水。当室外消防给水管网的水压经常不能满足室内消火栓给水系统所需水压时,宜采用这种给水方式。当室外管网不允许消防水泵直接吸水时,应设消防水池。

高位消防水箱的设置高度应满足室内最不利点消火栓的水压要求,水泵启动后,消防用水不应进入消防水箱。

（2）高层建筑室内消火栓给水系统及其给水方式

设置在高层建筑物内的消火栓给水系统称为高层建筑室内消火栓给水系统。高层建筑一旦发生火灾,其火势猛、蔓延快,救援及疏散困难,极易造成人员伤亡和重大经济损失。因此,高层建筑必须依靠建筑物内设置的消防设施自救。高层建筑的室内消火栓给水系统应采用独立的消防给水系统分为以下两种。

①不分区消防给水方式。整栋大楼采用一个区供水,系统简单、设备少。当高层建筑最低消火栓栓口处的静水压力不大于 1.0 MPa 且系统工作压力不大于 2.4 MPa 时,可采用此种给水方式。

②分区消防给水方式。在消防给水系统中,由于配水管道的工作压力要求,系统可有不同给水方式。系统给水方式的划分原则可根据管材、设备等确定。当高层建筑最低消火栓栓口的静水压力大于 1.0 MPa 或系统工作压力大于 2.4 MPa 时,应采用分区消防给水系统。分区供水形式应根据系统压力、建筑特征、综合技术经济和安全可靠性等因素确定,可采用消防水泵并行或串联、减压水箱和减压阀减压形式,但当系统的工作压力大于 2.4 MPa 时,应采用消防水泵串联或减压水箱分区供水形式。

A.采用消防水泵串联分区供水时,宜采用消防水泵转输水箱串联供水方式,并符合下列规定。

当采用消防水泵转输水箱串联时,转输水箱的有效储水容积不应小于 60 m³,转输水箱可作为高位消防水箱。串联转输水箱的溢流管宜连接到消防水池。当采用消防水泵直接串联时,应采取确保供水可靠性的措施,且消防水泵从低区到高区应能依次启动。当采用消防水泵直接串联时,应校核系统供水压力,并应在串联消防水泵出水管上设置减压型倒流防止器。

B.采用减压阀减压分区供水时应符合下列规定。

消防给水所采用的减压阀性能应安全可靠,并应满足消防给水的要求。减压阀应根据消防给水设计流量和压力选择,且设计流量应在减压阀流量压力特性曲线的有效段内,校核在150%设计流量时,减压阀的出口动压不应小于设计值的 65%。每一供水分区应设不少于两组减压阀组,每组减压阀组宜设置备用减压阀。减压阀仅应设置在单向流动的供水管上,不应设置在双向流动的输水干管上。宜采用比例式减压阀,当超过 1.2 MPa 时,宜采用先导式减压阀。减压阀的阀前阀后压力比值不宜大于 3:1,当一级减压阀减压不能满足要求时,可采用减压阀串联减压,但串联减压不应大于两级,第二级减压阀宜采用先导式减压阀,阀前后压力差不宜超过 0.4 MPa。减压阀后应设置安全阀,安全阀的开启压力应能保证系统安全且不应影响系统的供水安全性。

C.采用减压水箱减压分区供水时应符合下列规定。

减压水箱应符合《消防给水及消火栓系统技术规范》(GB 50974—2014)第 4.3.8 条、第 4.3.9 条、第 4.3.10 条、第 5.2.5 条和第 5.2.6 条等的有关规定。减压水箱的有效容积不应小于 18 m³ 且宜分为两格。减压水箱应有两条进出水管,且每条出水管均应满足消防给水系统所需消防用水量的要求。减压水箱进水管的水位控制应可靠,宜采用水位控制阀。减压水箱进水管应设置防冲击和溢水的技术措施,同时宜在进水管上设置紧急关闭阀门,溢流水宜回流到消防水池。

4)室内消火栓系统的设置要求

(1)室内消火栓的设置要求

室内消火栓应根据使用者、火灾危险性、火灾类型和不同灭火功能等因素综合选型。其设置应符合下列要求。

①应采用 DN65 室内消火栓,并可与消防软管卷盘或轻便消防水龙设置在同一箱体内。配置 DN65 有内衬里的消防水带,长度不宜超过 25 m;宜配置喷嘴当量直径为 16 mm 或 19 mm 的消防水枪,但当消火栓设计流量为 2.5 L/s 时,宜配置喷嘴当量直径为 11 mm 或 13 mm 的消防水枪。

②在设置室内消火栓的建筑中,包括设备层在内的各层均应设置消火栓。

③在屋顶设有直升机停机坪的建筑中,应在停机坪出入口处或非电气设备机房处设置消火栓,且距停机坪机位边缘的距离不应小于 5 m。

④消防电梯前室应设置室内消火栓,并且该消火栓应计入消火栓使用数量。

⑤室内消火栓布置应满足:同一平面 2 支消防水枪的 2 股充实水柱同时达到任何部位,但在建筑高度小于或等于 24 m 且体积小于或等于 5 000 m³ 的多层仓库、建筑高度小于或等于 54 m 且每单元设置一部疏散楼梯的住宅以及《消防给水及消火栓系统技术规范》(GB 50974—2014)第 3.5.2 条中规定可采用 1 支消防水枪计算消防量的场所中,满足 1 支消防水枪的 1 股充实水柱到达室内任何部位即可。

⑥建筑室内消火栓的设置位置应满足火灾扑救要求,并应符合下列规定。

A.室内消火栓应设置在楼梯间及其休息平台和前室、走道等明显易于取用以及便于火灾扑救的位置。

B.住宅的室内消火栓宜设置在楼梯间及其休息平台。

C.汽车库内消火栓设置不应影响汽车的通行和车位设置,并应确保消火栓正常开启。

D.同一楼梯间及其附近不同层设置的消火栓平面位置宜相同。

E.冷库的室内消火栓应设置在常温穿堂或楼梯间内。

⑦建筑室内消火栓栓口的安装高度应便于连接和使用消防水龙带,其距地面高度宜为 1.1 m;其出水方向应便于敷设消防水带,并宜与设置消火栓的墙面成 90°角或向下。

⑧设有室内消火栓的建筑应设置带有压力表的试验消火栓,对于多层和高层建筑应在其

屋顶设置,严寒、寒冷等冬季结冰地区可设置在顶层出口处或水箱间内等便于操作和防冻的位置;对于单层建筑宜设置在水力最不利处,且应靠近出入口。

⑨室内消火栓宜按直线距离计算其布置间距,对于消火栓按 2 支消防水枪的 2 股充实水柱布置的建筑物,消火栓的布置间距不应大于 30 m;对于消火栓按 1 支消防水枪的 1 股充实水柱布置的建筑物,消火栓的布置间距不应大于 50 m。

⑩建筑高度不大于 27 m 的住宅,当设置消火栓系统时,可采用干式消防竖管。干式消防竖管宜设置在楼梯间休息平台,且仅应配置消火栓栓口,干式消防竖管应设置消防车供水接口,消防车供水接口应设置在首层便于消防车接近和安全的地点,竖管顶端应设置自动排气阀。

⑪住宅户内宜在生活给水管道上预留一个接 DN15 消防软管或轻便水龙的接口。跃层住宅和商业网点的室内消火栓应至少满足 1 股充实水柱到达室内任何部位,并宜设置在户门附近。

(2)室内消火栓栓口压力和消防水枪充实水柱

充实水柱指由水枪喷嘴起至射流 90% 的水柱水量穿过直径为 380 mm 圆孔处的一段射流长度。

①消火栓栓口动压不应大于 0.5 MPa,当大于 0.7 MPa 时,必须设置减压装置。

②高层建筑、厂房、库房和室内净空高度超过 8 m 的民用建筑等场所,消火栓栓口动压不应小于 0.35 MPa,且消防水枪充实水柱应达到 13 m;其他场所的消火栓栓口动压不应小于 0.25 MPa,且消防水枪充实水柱应达到 10 m。

(3)消防软管卷盘和轻便水龙的设置要求

消防软管卷盘由小口径消火栓、输水缠绕软管、小口径水枪等组成。与室内消火栓相比,消防软管卷盘具有操作简便、机动灵活等优点。

①消防软管卷盘应配置内径不小于 19 mm 的消防软管,其长度宜为 30 m,轻便水龙应配置 DN25 有内衬里的消防水带,长度宜为 30 m。消防软管卷盘和轻便水龙应配置当量喷嘴直径为 6 mm 的消防水枪。

②消防软管卷盘和轻便消防水龙的用水量可不计入消防用水总量。

③剧院、会堂闷顶内的消防软管卷盘应设在马道入口处,以方便工作人员使用。

5)消火栓系统施工图的识读

(1)消火栓系统施工图的识读方法

消火栓系统施工图的识读按水流方向,先整体后局部、先粗看后细究、先文字说明后图样、先基本图样后详图、先图形后尺寸仔细阅读,并应注意平面系统、各专业图样之间的联系。

①阅读设计施工说明。读工程概况、设计范围、系统形式、管材、附件设备选用以及防腐保温等基本内容,重点把握设计意图。

②阅读平面图。读消火栓管道规格、走向、坡度,读消火栓等设备布置位置、设备型号、大小,读主要阀门附件规格、型号、布置位置。识读过程中,将平面图与系统图对照,重点把握系统的工作状态及连接方式。

③读系统图。读消火栓系统管网布置方式、立管编号、规格、走向、位置,读阀门附件布置、设备布置等所有内容,重点与平面图对照把握整体布置情况。

④读局部平面放大图、剖面图。将图纸内容进一步细化,直至读懂消火栓管道布置、设备的安装方式、位置及连接方式等。

(2)消火栓系统施工图的识读举例

①设计施工说明。

A.建筑概况。本建筑为多层建筑,地上有五层,地下有一层。地上建筑耐火等级为一级,地下建筑耐火等级为一级。

B.设计依据。

a.建设单位提供的本工程有关资料和设计任务书。

b.建筑和有关工种提供的作业图和有关资料。

c.国家现行有关给水、排水、消防和卫生等设计规范及规程。

d.《建筑设计防火规范(2018年版)》(GB 50016—2014)。

e.《建筑给水排水设计规范》(GB 50015—2019)。

f.《建筑灭火器配置设计规范》(GB 50140—2005)。

g.《自动喷水灭火系统设计规范》(GB 50084—2017)。

h.《消防给水及消火栓系统技术规范》(GB 50974—2014)。

C.消火栓给水系统。

a.本建筑高度为22.15 m,按多层办公楼设计消防给水。室内消火栓用水量为15 L/s,室外消火栓用水量为30 L/s,火灾延续时间为2 h。

b.本工程室内消火栓系统静水压力大于1.0 MPa,故消火栓系统竖向分区为2个。

c.为保证消火栓栓口出水压力不超过0.5 MPa,本工程高区10~14层/低区1~5层采用减压稳压消火栓,其余均采用普通消火栓。

d.消防系统组成。消防水池、消防水泵、消防水泵接合器、消防管网、消火栓及高位水箱。高位水箱有效容积为36 m³(设在13#楼屋顶水箱间内),水箱底标高为83.70 m,并在屋顶水箱间内设增压稳压设备1套,满足最不利点消防压力要求。

e.消防系统分区。室内消火栓的静水压力大于1.0 MPa,消火栓系统分为高、低两个区,其中,多层和车库为1个区,由低区消火栓管供水,低区减压阀组设置在泵房,12#、13#楼低区为1~9层,高区为10~18层;其他单体消火栓系统均由设在车库的高区环管引入两路供水管,供水管设减压阀组,并设置备用减压阀组,减压阀组位置详见车库水施。

f.消火栓给水泵控制。消火栓给水泵两台,互为备用。火灾时消防泵应由水泵出水干管上设置的低压压力开关、高位消防水箱出水管上的流量开关或报警阀压力开关等信号直接自动启动,或者在消防中心、消防水泵房均可启动并报警。泵启动后。反馈信号至消防控制中心。

g.消火栓栓口距地面或楼板面1.10 m。

D.消防设施。

a.消火栓箱及内配器材如下:

·试验消火栓采用SG24A65-J型(800 mm×650 mm×240 mm)消火栓箱内配DN65消火栓阀1个、DN65麻质衬胶水龙带25 m,φ19直流水枪1支,另带压力表1只。

·消火栓采用SC18E657-J薄型单栓带消防软管卷盘组合式消防柜,尺寸为1 800 mm×

700 mm×180 mm,内均配有 DN65 阀 1 个,DN65 麻质衬胶水龙带 25 m,φ19 直流水枪 1 支,消防软管卷盘 30 m,MF/ABC4 型手提式磷酸铵盐干粉灭火器 2 具。

　　b.暗装在防火墙上的消火栓柜。采用半嵌墙安装且必须刷防火涂料,耐火极限不低于 2 h。

　　c.整个消火栓消防系统验收合格后,阀门均应处在常开位置。

　　d.消火栓系统水泵接合器,安装完毕后,应设区分标志,并应校验安全阀动作压力是否正确。

　　e.本建筑内灭火器配置,应按消防主管部门日常管理要求核对,如有不妥之处请按消防主管部门意见执行。

　　f.整个消防系统验收合格后,消火栓系统管道上其他阀门均应处在常开位置。

　　E.图例符号,见表 3.1。

表 3.1　图例符号

图例	名称	图例	名称
—— J ——	中区给水管道		压力表(带旋塞)
—— X ——	低区消火栓管道		水表
——ZP——	自喷管道		地漏
— — W— —	污水管道		清扫口
— — T— —	通气管道		管堵
— — Y— —	重力流雨水管道		检查口
— — YF— —	压力流废水管道		S.P 型存水弯
	半球阀(给水)		潜水泵
	截止阀(球阀)		夹布橡胶较管
	蝶阀(消防)		金属波纹管
	止回阀		手提式灭火器
	减压阀		推车式灭火器
	管道倒流防止器		流量开关
	浮球阀		压力开关
	消火栓箱(单栓)		湿式报警阀组
	水流指示器		信号阀

续表

图例	名称	图例	名称
―○― 仒	自喷喷头	⊣〈	水泵接合器
⃓	过波器	⏚	自动排气阀

②消火栓系统系统图和平面图。

图 3.2 是某办公建筑消火栓系统系统图,图 3.3 是某办公建筑五层消火栓平面图。

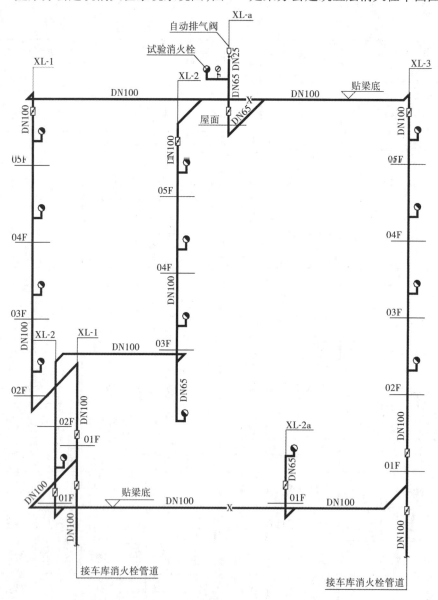

图 3.2 某办公建筑消火栓系统系统图

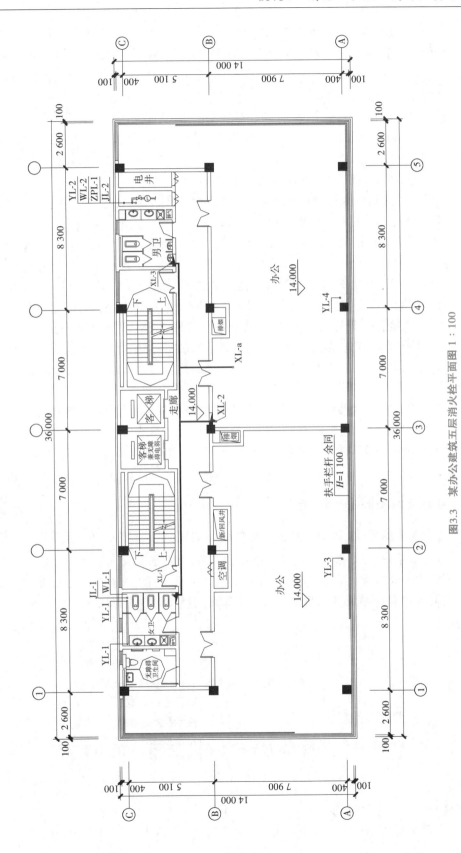

图3.3 某办公建筑五层消火栓平面图 1：100

从图 3.2 可以看出,消火栓系统呈环状布置,供水管共有 2 根,一根在左下方,一根在右下方,均接自车库消火栓管道,总供水管管径为 DN100;立管用 XL 表示,共有 5 根,XL-1、XL-2 和 XL-3 从 1~5,管径均为 DN100;XL-a 从五层到屋顶,管径为 DN65,兼作试验消火栓;XL-2a 布置在一层,管径为 DN65。

2 根供水管上均设置蝶阀 1 个,XL-1、XL-2 和 XL-3 均设置蝶阀 2 个,XL-a 和 XL-2a 均设置蝶阀 1 个,因此系统中共设置蝶阀 10 个。供水管、XL-1、XL-2 和 XL-3 上的蝶阀均安装在管径为 DN100 的管道上,因此阀门规格为 DN100。XL-a 和 XL-2a 上的蝶阀均安装在管径为 DN65 的管道上,因此阀门规格为 DN65。

XL-1 在 2~5 层各布置消火栓 1 个,XL-2 在 1~5 层各布置消火栓 1 个,XL-3 在 2~5 层各布置消火栓 1 个,XL-a 在屋顶布置消火栓 1 个,XL-2a 在一层布置消火栓 1 个,系统图中消火栓管道和消火栓的布置情况与平面图一致。连接消火栓的支管管径均为 DN65,消火栓栓口离地面 1.1 m。

从图 3.3 可以看出,该办公楼设有消火栓立管 4 根,分别为 XL-1、XL-2、XL-3 和 XL-a,4 根立管通过水平管连接,XL-1 布置在女卫生间,XL-2 和 XL-a 均布置在右侧办公室,XL-3 布置在男卫生间。XL-1 连接有一套消火栓设备,设置在女卫生间外,XL-2 连接有一套消火栓设备,设置在右侧办公室外,XL-3 连接有一套消火栓设备,设置在男卫生间外。

3.1.2　自动喷水灭火系统

自动喷水灭火系统由洒水喷头、报警阀组、水流报警装置(水流指示器或压力开关)等组件以及管道、供水设施等组成,是能在发生火灾时喷水的自动灭火系统。自动喷水灭火系统在保护人身和财产安全方面具有安全可靠、经济实用、灭火成功率高等优点,广泛应用于工业建筑和民用建筑。

1)自动喷水灭火系统的分类和组成

根据所使用喷头的型式,自动喷水灭火系统可分为闭式自动喷水灭火系统和开式自动喷水灭火系统;根据系统的用途和配置状况,自动喷水灭火系统又分为湿式自动喷水灭火系统、干式自动喷水灭火系统、预作用自动喷水灭火系统、防护冷却系统、雨淋系统、水幕系统(防火分隔水幕和冷却水幕)、自动喷水—泡沫联用系统等。自动喷水灭火系统的分类如图 3.4 所示。

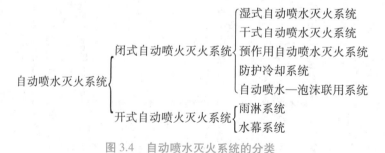

图 3.4　自动喷水灭火系统的分类

(1)湿式自动喷水灭火系统

湿式自动喷水灭火系统(以下简称"湿式系统")由闭式喷头、湿式报警阀组、水流指示器或压力开关、供水与配水管道以及供水设施等组成,在准工作状态时,配水管道内充满用于启动系统的有压水。湿式系统的组成如图 3.5 所示。

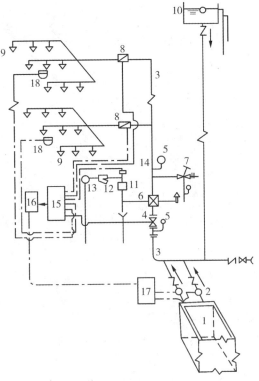

图 3.5 湿式自动喷水灭火系统

1—消防水池;2—消防泵;3—管网;4—控制阀;5—压力表;6—湿式报警阀;7—泄放试验阀;8—水流指示器;9—喷头;10—高位水箱、稳压泵或气压给水设备;11—延迟器;12—过滤器;13—水力警铃;14—压力开关;15—报警控制器;16—联动控制器;17—水泵控制箱;18—探测器

(2)干式自动喷水灭火系统

干式自动喷水灭火系统(以下简称"干式系统")由闭式喷头、干式报警阀组、水流指示器或压力开关、供水与配水管道、充气设备以及供水设施等组成,在准工作状态时,配水管道内充满用于启动系统的有压气体。干式自动喷水灭火系统的启动原理与湿式系统相似,只是将传输喷头开放信号的介质由有压水改为有压气体。干式自动喷水灭火系统示意图,如图 3.6 所示。

(3)预作用自动喷水灭火系统

预作用自动喷水灭火系统(以下简称"预作用系统")由闭式喷头、预作用装置、水流报警装置、供水与配水管道、充气设备和供水设施等组成。在准工作状态时,配水管道内不充水,发生火灾时,由火灾报警系统、充气管道上的压力开关连锁控制预作用装置和启动消防水泵,并转换为湿式系统。预作用系统与湿式系统、干式系统的不同之处在于,系统采用预作用装置,并配套设置火灾自动报警系统。预作用系统示意图,如图 3.7 所示。

(4)雨淋系统

雨淋系统由开式喷头、雨淋报警阀组、水流报警装置、供水与配水管道以及供水设施等组成。与前几种系统不同之处在于,雨淋系统采用开式喷头,由雨淋报警阀控制喷水范围,由配套的火灾自动报警系统或传动管控制,自动启动雨淋报警阀组和启动消防水泵。雨淋系统有电动、液动和气动控制方式,雨淋系统的组成如图3.8所示。

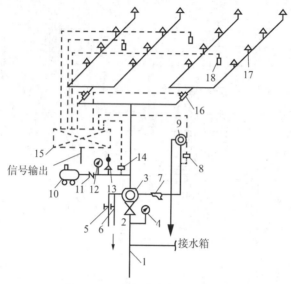

图 3.6 干式自动喷水灭火系统

1—供水管;2—闸阀;3—干式阀;4—压力表;5,6—截止阀;7—过滤器;8—压力开关;9—水力警铃;10—空压机;11—止回阀;12—压力表;13—安全阀;14—压力开关;15—火灾报警控制箱;16—水流指示器;17—闭式喷头;18—火灾探测器

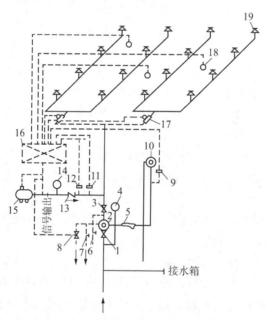

图 3.7 预作用式自动喷水灭火系统

1—供水闸阀;2—预作用阀;3—出水闸阀;4—压力表;5—过滤器;6—试水阀;7—截止阀;8—电磁阀;9—压力开关;10—水力警铃;11—空压机开关信号;12—低气压报警信号开关;13—止回阀;14—压力表;15—空压机;16—火灾报警控制器;17—水流指示器;18—火灾探测器;19—闭式喷头

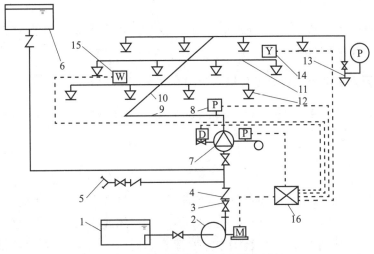

图 3.8　雨淋式自动喷水灭火系统

1—水池;2—水泵;3—闸阀;4—止回阀;5—水泵接合器;6—消防水箱;7—雨淋
报警阀;8—压力开关;9—配水干管;10—配水管;11—配水支管;12—开式喷头;
13—末端试水装置;14—感烟探测器;15—感温探测器;16—报警控制器

(5)水幕系统

水幕系统由开式洒水喷头或水幕喷头、雨淋报警阀组或感温雨淋报警阀组、供水与配水管道、控制阀以及水流报警装置(水流指示器或压力开关)等组成。与前几种系统的不同之处在于,水幕系统不具备直接灭火能力,而是用于防火分隔和冷却保护分隔物。水幕系统的组成如图 3.9 所示。

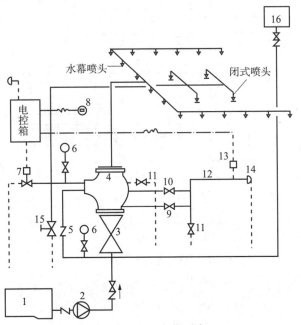

图 3.9　水幕系统

1—水池;2—水泵;3—闸阀;4—雨淋阀;5—止回阀;6—压力表;
7—电磁阀;8—按钮;9—试警铃阀;10—警铃管阀;11—放水阀;
12—过滤器;13—压力开关;14—水力警铃;15—末端试水装置;16—水箱

（6）防护冷却系统

防护冷却系统由闭式洒水喷头、湿式报警阀组等组成，发生火灾时用于冷却防火卷帘、防火玻璃墙等防火分隔设施的闭式系统。

2）自动喷水灭火系统的工作原理与适用范围

自动喷水灭火系统的类型不同，工作原理、控火效果等均有差异。因此，应根据设置场所的建筑特征、火灾特点、环境条件等来选型。

（1）湿式系统

①工作原理

在准工作状态时，湿式系统由消防水箱或稳压泵、气压给水设备等稳压设施维持管道内的充水压力。发生火灾时，在火灾温度的作用下，闭式喷头的热敏元件动作，喷头开启并喷水。此时，管网中的水由静止变为流动，水流指示器送出电信号，在火灾报警控制器上显示某一区域喷水的信息。由于持续喷水泄压造成湿式报警阀的上部水压低于下部水压，在压力差的作用下，原来处于关闭状态的湿式报警阀自动开启。此时，压力水通过湿式报警阀流向管网，同时打开通向水力警铃的通道，延迟器充满水后，水力警铃发出声响警报，高位消防水箱流量开关或系统管网压力开关动作并输出信号直接启动供水泵。供水泵投入运行后，系统的启动过程完成。湿式系统的工作原理如图3.10所示。

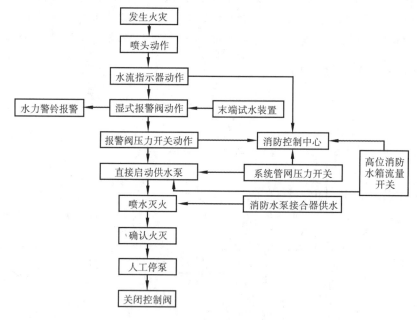

图3.10　湿式系统的工作原理

②适用范围

湿式系统是应用较为广泛的自动喷水灭火系统之一，适合在温度不低于4 ℃且不高于70 ℃的环境中使用。在温度低于4 ℃的场所使用湿式系统，存在系统管道和组件内充水冰冻的危险；在温度高于70 ℃的场所采用湿式系统，存在系统管道和组件内充水蒸气压力升高而破坏管道的危险。

（2）干式系统

①工作原理

在准工作状态时，干式系统干式报警阀入口前管道内的充水压力由消防水箱或稳压泵、气压给水设备等稳压设施维持，报警阀出口后的管道内充满有压气体（通常采用压缩空气），报警阀处于关闭状态。发生火灾时，在火灾温度的作用下，闭式喷头的热敏元件动作，闭式喷头开启，干式阀的出口压力下降，加速排气阀动作后促使干式报警阀迅速开启，管道开始排气充水，剩余压缩空气从系统最高处的排气阀和开启的喷头处喷出。此时，通向水力警铃和压力开关的通道被打开，水力警铃发出声响警报，高位消防水箱流量开关或系统管网压力开关动作并输出启泵信号，系统供水泵启动；管道完成排气充水过程后，开启的喷头开始喷水。从闭式喷头开启至供水泵投入运行前，系统的配水管道由消防水箱、气压给水设备或稳压泵等供水设施充水。干式系统的工作原理如图 3.11 所示。

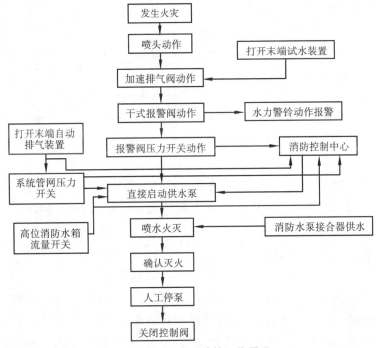

图 3.11　干式系统的工作原理

②适用范围

干式系统适用于环境温度低于 4 ℃或高于 70 ℃的场所。干式系统虽然解决了湿式系统不适用于高、低温环境场所的问题，但由于准工作状态时配水管道内没有水，喷头动作、系统启动时必须经过管道排气、充水的过程，因此会滞后喷水，不利于系统及时控火灭火。

（3）预作用系统

①工作原理

系统处于准工作状态时，雨淋阀入口前管道内的充水压力由消防水箱或稳压泵、气压给水设备等稳压设施维持，雨淋阀后的管道内平时无水或充以有压气体。发生火灾时，火灾自动报警系统开启预作用报警阀的电磁阀，配水管道排气充水，系统在闭式喷头动作前转换成湿式系统，系统管网压力开关或高位消防水箱流量开关直接启动消防水泵并在闭式喷头开启后立即喷水。预作用系统的工作原理如图 3.12 所示。

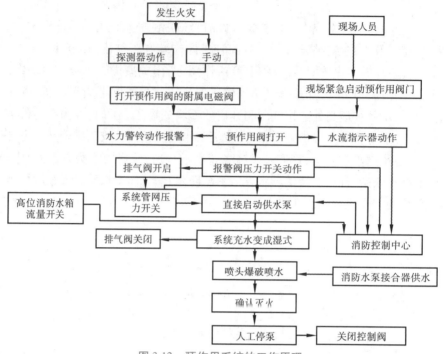

图 3.12　预作用系统的工作原理

②适用范围

预作用系统可消除干式系统在喷头开放后延迟喷水的弊病,因此其在低温和高温环境中可替代干式系统。系统处于准工作状态时,严禁管道充水。严禁系统误喷的忌水场所应采用预作用系统。

（4）雨淋系统

①工作原理

系统处于准工作状态时,雨淋阀入口前管道内的充水压力由消防水箱或稳压泵、气压给水设备等稳压设施维持。发生火灾时,火灾自动报警系统或传动管自动控制开启雨淋阀和供水泵,向系统管网供水,由雨淋阀控制的开式喷头喷水。雨淋系统的工作原理如图 3.13 所示。

②适用范围

雨淋系统的喷水范围由雨淋阀控制,在系统启动后立即大面积喷水。因此,雨淋系统主要适用于需大面积喷水以快速扑灭火灾的特别危险场所。火灾水平蔓延的速度快、闭式喷头不能及时使喷水有效覆盖着火区域,或室内净空高度超过一定高度且必须迅速扑救初起火灾,或火灾危险等级属于严重危险级 II 级的场所,应采用雨淋系统。

（5）水幕系统

①工作原理

系统处于准工作状态时,管道内的充水压力由消防水箱或稳压泵、气压给水设备等稳压设施维持。发生火灾时,火灾自动报警系统联动开启雨淋报警阀组,系统管网压力开关启动供水泵,向系统管网和喷头供水。

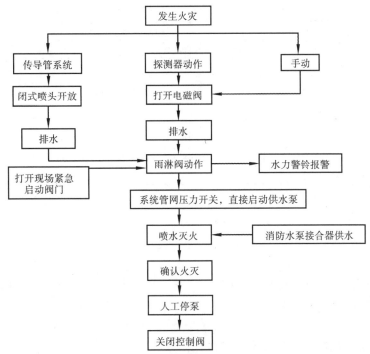

图 3.13 雨淋系统的工作原理

②适用范围

防火分隔水幕系统利用密集喷洒形成的水墙或多层水帘,可封堵防火分区处的孔洞,阻挡火灾和烟气蔓延,因此,适用于局部防火分隔处。防护冷却水幕系统则利用喷水在物体表面形成的水膜,控制防火分区处分隔物的温度,使分隔物的完整性和隔热性免遭火灾破坏,因此,适用于对防火卷帘、防火玻璃墙等防火分隔设施的冷却保护。

3) 自动喷水灭火系统施工图识读

(1) 自动喷水灭火系统施工图的识读方法

自动喷水灭火系统施工图的识读按水流方向先整体后局部、先粗看后细究、先文字说明后图样、先基本图样后详图、先图形后尺寸,仔细阅读,并应注意平面系统、各专业图样之间的联系。

①阅读设计施工说明。读工程概况、设计依据、设计范围、布线及管道敷设等基本内容,重点把握设计意图。

②阅读平面图。读自喷管道规格、走向、坡度,读喷头等设备布置位置、设备型号、大小,读主要阀门附件规格、型号、布置位置。在识读过程中,将平面图与系统图对照,重点把握系统的工作状态及连接方式。同时,应判断各配水管控制的喷头数、喷头的设置数量和布置位置是否符合《自动喷水灭火系统设计规范》(GB 50084—2017)中的规定。轻危险级、中危险级场所中配水支管、配水管控制的标准喷头数不应超过表 3.2 中规定的数量。

③阅读系统图。读自动喷水灭火系统管网布置方式、立管编号、规格、走向、位置,读阀门附件布置、设备布置、排水方式等所有内容,重点与平面图对照把握整体布置情况。

④阅读局部平面放大图、剖面图。将图纸内容进一步细化,直至读懂消防管道布置、设备的安装方式、位置及连接方式等。

表3.2 轻危险级、中危险级场所中配水支管、配水管控制的标准喷头数

公称管径/mm	控制的标准喷头数/只	
	轻危险级	中危险级
25	1	1
32	3	3
40	5	4
50	10	8
65	18	12
80	48	32
100	—	64

（2）自动喷水灭火系统施工图识读举例

①设计施工说明。

A.建筑概况。

本建筑为多层建筑,地上有五层,地下有一层。地上建筑耐火等级为一级,地下建筑耐火等级为一级。

B.设计依据。

a.建设单位提供的本工程有关资料和设计任务书。

b.建筑和有关工种提供的作业图和有关资料。

c.国家现行有关给水、排水、消防和卫生等设计规范及规程。

d.《建筑设计防火规范(2018年版)》(GB 50016—2014)。

e.《建筑给水排水设计规范》(GB 50015—2019)。

f.《建筑灭火器配置设计规范》(GB 50140—2005)。

g.《自动喷水灭火系统设计规范》(GB 50084—2017)。

h.《消防给水及消火栓系统技术规范》(GB 50974—2014)。

C.自动喷水灭火系统。

a.本工程按轻危险级设计,喷水强度为 4 L/min·m^2,作用面积为 160 m^2,火灾延续时间为 1 h,灭火用水量为 30 L/s。消防储水为 108 m^3。

b.在车库设消防泵房(供全小区使用),内设自动喷水泵 2 台,一用一备。该泵运行情况应显示在消防中心和水泵房的控制盘上。

c.自动喷水系统平时管网压力由屋顶稳压设备维持;火灾时,喷头动作,水流指示器动作向消防中心显示着火区域位置。此时,湿式报警阀处的压力开关动作,喷水泵自动启动,并向消防中心报警。除厨房为 93 ℃外,其余喷头公称动作温度均为 68 ℃。

d.无吊顶的房间采用 ZST-15 直立型玻璃球喷头,有吊顶的房间宜采用 ZST-15 装饰型普通玻璃球喷头。

e.湿式报警阀设置在水泵房内。本工程自喷系统设了 SQS150-A 型地上式消防水泵接合器(工作压力 1.6 MPa)3 套,消防水泵接合的器做法见国标图 99S203。

f.末端试水装置安装详见国家标准 O4S206 第 76 页。

D.自动喷水灭火系统设施。

a.各种喷头备用数不小于总安装数的 1%,且每种型号备用数均不小于 10。

b.自动喷水系统管道变径时宜采用异径接头,在管道弯头处不得采用补心;系统施工安装应不妨碍喷头的喷水效果。

c.管道支架、吊架与喷头的距离不宜小于 300 mm,距末端喷头的距离不应大于 750 mm。

d.配水支管上每一直线段相邻两喷头之间的管段设置的吊架均不宜少于 1 个;当喷头之间的距离小于 1.8 m 时,可隔段设吊架,但吊架的间距不应大于 3.60 m。

e.当管道的公称直径等于或大于 50 mm 时,每段配水干管或配水支管设置防晃支架不应少于 1 个,当管道改变方向时,应增设防晃支架。

E.消防蓄水池及水泵房。

a.消防水泵房及消防水池设在地下车库内。

b.消防蓄水池容积储有室内外消火栓系统及自喷系统消防水量之和,即 720 m³。

c.室内消火栓泵设计流量为 40 L/s,扬程为 130 m;室外消火栓泵设计流量为 40 L/s,扬程为 50 m;自喷泵设计流量为 40 L/s,扬程为 130 m。

F.图例符号。

详见消火栓系统施工图图例。

②自动喷水灭火系统系统图和平面图。

图 3.14 是某办公建筑的自动喷水灭火系统系统图,图 3.15 是某办公建筑自动喷水灭火系统平面图。

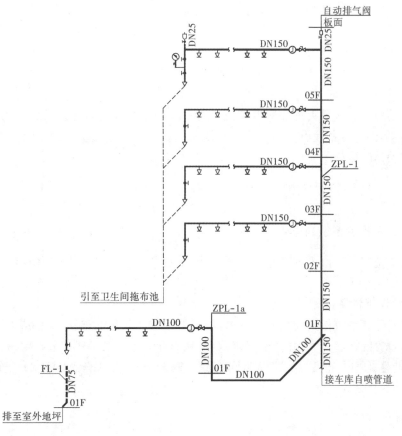

图 3.14　某办公建筑的自动喷水灭火系统系统图

从图 3.14 中可以看出,自动喷水灭火系统呈枝状布置,供水管道接自车库自喷管道,供水在地下一层分成两路:一路沿 ZPL-1a 供给 1 层,管径为 DN100;另一路沿 ZPL-1 供给 2～5 层,管径为 DN150。1 层自喷系统配水管道与立管连接处设置信号阀和水流指示器各 1 个,在配水管道末端设置截止阀和试水装置各 1 个,试水装置通过 FL-1 将水排至室外地坪;2～4 层自喷系统配水管道与立管连接处均设置信号阀和水流指示器各 1 个,在配水管道末端均设置截止阀和试水装置各 1 个,试水装置直接将水排至卫生间拖布池;5 层自喷系统配水管道与立管连接处设置信号阀和水流指示器各 1 个,在配水管道末端设置截止阀 2 个、压力表 1 个、试水装置 1 个,试水装置直接将水排至卫生间拖布池。在 5 层自喷管道末端和立管屋顶处设置截止阀和自动排气阀各 1 个。系统图中,未绘制出所有洒水喷头,省略部分用打断符号代替。

从图 3.15 中可以看出,5 层自喷系统采用侧边末端型给水方式,立管设置在水井内,配水管起始端设置信号阀和水流指示器,末端设有试水装置,试水装置布置在女卫生间拖布池上方,与系统图相对应。配水管的管径分别为 DN15,DN100,DN80,DN65,DN50,DN32 和 DN25,管径沿水流方向依次递减。平面布置 39 个喷头,各配水管控制的喷头数、喷头的设置数量和布置位置应符合《自动喷水灭火系统设计规范》(GB 50084—2017)中的规定。

【技能训练】

1.识读图 3.16 某办公建筑消火栓系统平面图。
2.识读图 3.17 某办公建筑自动喷水灭火系统平面图。

项目 3.2 火灾自动报警系统施工图的识读

火灾自动报警系统是火灾探测报警与消防联动控制系统的简称,是以实现火灾早期探测和报警、向各类消防设备发出控制信号并接收设备反馈信号进而实现预定消防功能为基本任务的一种自动消防设施。

3.2.1 火灾自动报警系统的组成与分类

1)火灾自动报警系统的组成

火灾自动报警系统由火灾探测报警系统、消防联动控制系统、可燃气体探测报警系统及电气火灾监控系统组成。

(1)火灾探测报警系统

火灾探测报警系统由火灾报警控制器、触发器件和火灾警报装置等组成,能及时、准确地探测被保护对象的初起火灾,并作出报警响应,从而在火灾尚未发展到危害生命安全的程度时使建筑物中的人员有足够时间疏散至安全地带,是保障人员生命安全的最基本的建筑消防系统。

感烟、感温、感光探测器

①触发器件

在火灾自动报警系统中,将自动或手动产生火灾报警信号的器件称为触发器件,主要包括火灾探测器和手动火灾报警按钮。火灾探测器是能对火灾参数(如烟、温度、火

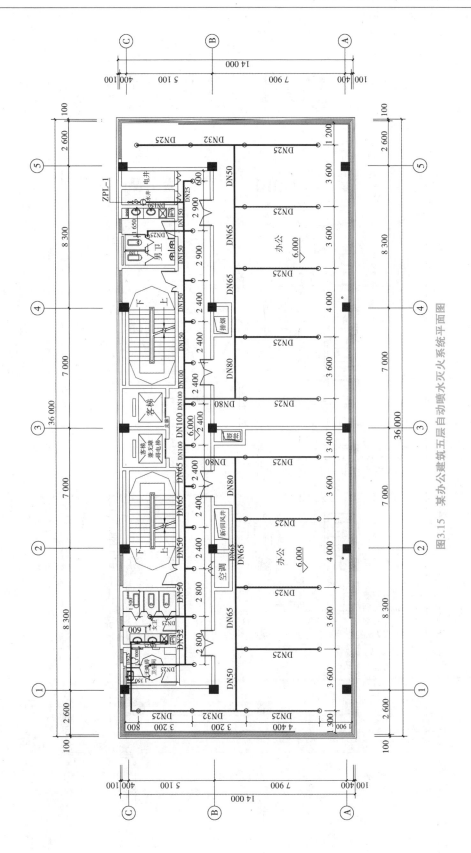

图3.15　某办公建筑五层自动喷水灭火系统平面图

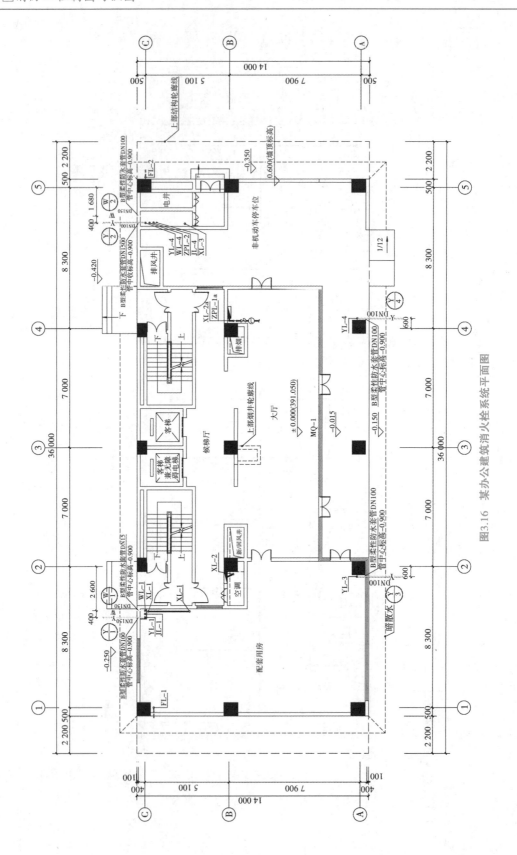

图3.16 某办公建筑消火栓系统平面图

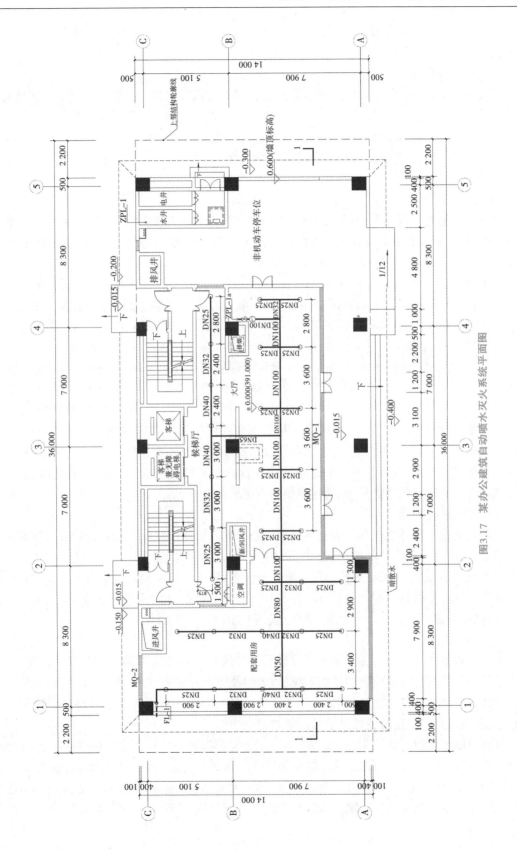

图3.17　某办公建筑自动喷水灭火系统平面图

焰辐射、气体浓度等)响应并自动产生火灾报警信号的器件。手动火灾报警按钮是手动方式产生火灾报警信号、启动火灾自动报警系统的器件。

②火灾报警装置

在火灾自动报警系统中,用于接收、显示和传递火灾报警信号并能发出控制信号和具有其他辅助功能的控制指示设备称为火灾报警装置。火灾报警控制器就是其中最基本的一种。火灾报警控制器担负的诸多任务有:为火灾探测器提供稳定工作电源,监视探测器及系统自身的工作状态,接收、转换、处理火灾探测器输出的报警信号,进行声光报警、指示报警的具体部位及时间,同时执行相应辅助控制等。

③火灾警报装置

在火灾自动报警系统中,用于发出区别于环境声、光的火灾警报信号的装置称为火灾警报装置。它以声、光和音响等方式向报警区域发出火灾警报信号,以警示人们迅速安全疏散、灭火救灾。

④电源

火灾自动报警系统属于消防用电设备,其主电源应采用消防电源,备用电源可采用蓄电池。系统电源除了为火灾报警控制器供电外,还为与系统相关的消防控制设备等供电。

(2)消防联动控制系统

消防联动控制系统由消防联动控制器、消防控制室图形显示装置、消防电气控制装置(如防火卷帘控制器、气体灭火控制器等)、消防电动装置、消防联动模块、消火栓按钮、消防应急广播设备、消防电话等设备和组件组成。在发生火灾时,消防联动控制器按设定的控制逻辑向消防供水泵、报警阀、防火门、防火阀、防烟排烟阀和通风等消防设施准确发出联动控制信号,实现对火灾警报、消防应急广播、应急照明及疏散指示系统、防烟排烟系统、自动灭火系统、防火分隔系统联动控制,接收并显示上述系统设备的动作反馈信号,同时接收消防水池、高位水箱等消防设施的动态监测信号,监视建筑消防设施的状态。

①消防联动控制器

消防联动控制器是消防联动控制系统的核心组件。它通过接收火灾报警控制器发出的火灾报警信息,按预设逻辑联动控制建筑中设置的自动消防系统(设施)。消防联动控制器可直接发出控制信号,通过驱动装置控制现场的受控设备;对于控制逻辑复杂且在消防联动控制器上不便实现直接控制的受控设备,可通过消防电气控制装置(如防火卷帘控制器、气体灭火控制器等)间接控制,同时接收自动消防系统(设施)动作的反馈信号。

②消防控制室图形显示装置

消防控制室图形显示装置用于接收并显示保护区域内的火灾探测报警及联动控制系统、消火栓系统、自动灭火系统、防烟排烟系统、防火门及防火卷帘系统、电梯、消防电源、消防应急照明和疏散指示系统、消防通信等各类消防系统及系统中的各类消防设备(设施)运行的动态信息和消防管理信息,同时还具有信息传输和记录功能。

③消防电气控制装置

消防电气控制装置的功能是控制各类消防电气设备,一般通过手动或自动的工作方式来控制消防水泵、防烟排烟风机、电动防火门、电动防火窗、防火卷帘、电动阀等各类电动消防设施的控制装置及双电源互换装置,并将相应设备的工作状态反馈给消防联动控制器。

④消防电动装置

消防电动装置的功能是实现电动消防设施电气驱动或释放,包括电动防火门窗、电动防火阀、电动防烟阀、电动排烟阀、气体驱动器等电动消防设施电气驱动或释放。

⑤消防联动模块

消防联动模块是用于消防联动控制器和其所连接的受控设备或部件之间信号传输的设备,包括输入模块、输出模块和输入输出模块。输入模块的功能是接收受控设备或部件信号反馈并将信号输入消防联动控制器中显示,输出模块的功能是接收消防联动控制器的输出信号并发送到受控设备或部件,输入输出模块则同时具备输入模块和输出模块的功能。

⑥消火栓按钮

消火栓按钮是手动启动消火栓系统的控制按钮。

⑦消防应急广播设备

消防应急广播设备由控制和指示装置、声频功率放大器、传声器、扬声器、广播分配装置、电源装置等部分组成,是在火灾或意外事故发生时通过控制功率放大器和扬声器进行应急广播的设备。其主要功能是向现场人员通报火灾、指挥并引导现场人员疏散。

⑧消防电话

消防电话是用于消防控制室与建筑物中各部位之间通话的电话系统。消防电话由消防电话总机、消防电话分机、消防电话插孔组成。消防电话是与普通电话分开的专用独立系统,一般采用集中式对讲电话。消防电话的总机设在消防控制室,分机设在其他部位。其中,消防电话总机是消防电话的重要组成部分,能够与消防电话分机全双工语音通信;消防电话分机设置在建筑物中各关键部位,能够与消防电话总机全双工语音通信;消防电话插孔安装在建筑物各处,插上电话手柄就可以和消防电话总机通信。

2) 火灾自动报警系统的分类

根据保护对象及设立的消防安全目标不同,火灾自动报警系统分为以下3类。

(1)区域报警系统

区域报警系统由火灾探测器、手动火灾报警按钮、火灾声光警报器、火灾报警控制器等组成,系统中包括消防控制室图形显示装置和指示楼层的区域显示器。

(2)集中报警系统

集中报警系统由火灾探测器、手动火灾报警按钮、火灾声光警报器、消防应急广播、消防专用电话、消防控制室图形显示装置、火灾报警控制器、消防联动控制器等组成。

(3)控制中心报警系统

控制中心报警系统由火灾探测器、手动火灾报警按钮、火灾声光警报器、消防应急广播、消防专用电话、消防控制室图形显示装置、火灾报警控制器、消防联动控制器等组成,且包含两个及以上集中报警系统。

3.2.2　火灾自动报警系统的工作原理与适用范围

火灾自动报警系统一般设置在工业与民用建筑内部和其他可对生命和财产造成危害的火灾危险场所,与自动灭火系统、防烟排烟系统以及防火分隔设施等其他消防设施一起构成完整的建筑消防系统。

火灾报警与
联动系统演示

1)火灾自动报警系统的工作原理

在火灾自动报警系统中,火灾报警控制器和消防联动控制器是核心组件,是系统中火灾报警与警报的监控管理枢纽和人机交互平台。

(1)火灾探测报警系统

火灾发生时,安装在保护区域现场的火灾探测器将火灾产生的烟雾、热量和光辐射等火灾特征参数转变为电信号,经数据处理后,将火灾特征参数信息传输到火灾报警控制器;或直接由火灾探测器作出火灾报警判断,将报警信息传输到火灾报警控制器。火灾报警控制器在接收到探测器的火灾特征参数信息或报警信息后,经报警确认判断,显示报警探测器的部位,记录探测器火灾报警的时间。处于火灾现场的人员,在发现火灾后可立即触动安装在现场的手动火灾报警按钮,手动火灾报警按钮便将报警信息传输到火灾报警控制器,在接收到手动火灾报警按钮的报警信息后,火灾报警控制器经报警确认判断,显示动作的手动火灾报警按钮的部位,记录手动火灾报警按钮报警的时间。在确认火灾探测器和手动火灾报警按钮的报警信息后,火灾报警控制器驱动安装在被保护区域现场的火灾警报装置,发出火灾警报,向处于被保护区域的人员警示火灾。

(2)消防联动控制系统

火灾发生时,火灾探测器和手动火灾报警按钮的报警信号等联动触发信号传输到消防联动控制器,消防联动控制器按照预设的逻辑关系对接收到的触发信号识别判断,如果满足逻辑关系条件,消防联动控制器按照预设的控制时序启动相应的自动消防系统(设施),实现预设的消防功能;消防控制室的消防管理人员也可以操作消防联动控制器的手动控制盘,直接启动相应的消防系统(设施),从而实现相应消防系统(设施)预设的消防功能。消防联动控制系统接收并显示消防系统(设施)动作的反馈信息。

2)火灾自动报警系统的适用范围

火灾自动报警系统适用于人员居住和经常有人滞留的场所、存放重要物资或燃烧后产生严重污染需要及时报警的场所。

(1)区域报警系统

区域报警系统适用于仅需要报警不需要联动自动消防设备的保护对象。

(2)集中报警系统

集中报警系统适用于具有联动要求的保护对象。

(3)控制中心报警系统

控制中心报警系统一般适用于建筑群或体量很大的保护对象,这些保护对象中,可能设置几个消防控制室,也可能由于分期建设而采用了不同企业的产品或企业相同系列不同的产品,或由于系统容量限制而设置了多个起集中控制作用的火灾报警控制器等,在这些情况下,均应选择控制中心报警系统。

3.2.3 火灾自动报警系统施工图的识读

1)火灾自动报警系统施工图的识读方法

火灾自动报警系统施工图主要由设计说明、图纸目录、系统图、平面图和相关设备的控制电路图等组成,这些图都由图形符号加文字标注及必要的说明绘制而成。火灾自动报警系统施工图应按阅读建筑电气工程图的一般顺序识读。

①阅读设计施工说明。读工程概况、设计依据、设计范围、线路敷设、设备选型等基本内容,重点把握设计意图。

②阅读系统图。系统图主要表明设备类型及数量、线路与设备的连接关系等。

③阅读平面图。平面图主要表明火灾探测器、手动报警按钮、消防电话、消防广播、报警控制器及消防联动设备等在建筑物内的分布及安装位置、型号、规格、性能、特点和对安装技术要求、线路与设备的连接关系等。

④相互对照,综合看图。在安装时,为了避免火灾自动报警系统设备及其线路位置与其他建筑设备及管路位置冲突,在阅读火灾自动报警系统平面图时,要对照阅读其他建筑设备安装工程施工图,同时还要了解规范的要求。

2)火灾自动报警系统施工图的识读举例

(1)设计施工说明

①建筑概况。本建筑性质为地上五层的办公建筑,建筑高度为 22.3 m,总建筑面积为 2 022.69 m^2。本建筑结构形式为框架结构、现浇混凝土楼板。

②建筑专业提供的撬工设计图纸,给排水和暖通等专业提供的用电资料。

③建设单位提供的设计任务书及设计要求。

④中华人民共和国现行主要标准及法规。

⑤《民用建筑电气设计规范》(GB 51348—2019)。

⑥《供配电系统设计规范》(GB 50052—2009)。

⑦《低压配电设计规范》(GB 50054—2011)。

⑧《建筑设计防火规范(2018 版)》(GB 50016—2014)。

⑨《建筑照明设计标准》(GB 50034—2013)。

⑩《建筑物防雷设计规范》(GB 50057—2010)。

⑪《建筑物电子信息系统防雷技术规范》(GB 50343—2012)。

⑫《综合布线工程设计规范》(GB 50311—2016)。

⑬《火灾自动报警系统设计规范》(GB 50116—2013)。

⑭《办公建筑设计规范》(JGJ 67—2019)。

⑮《电力工程电缆设计标准》(GB 50217—2018)。

⑯《视频安防监控系统工程设计规范》(GB 50395—2007)。

⑰其他有关国家及地方的现行规程、规范及标准。

(2)火灾自动报警及联动控制系统

①本工程采用集中报警系统。小区设有消防控制室。本工程消防二总线从消防控制室经车库线槽引出。每层设置区域报警控制器,控制和显示本建筑的火灾报警系统。

②火灾自动报警系统:

a.本工程消防二总线及联动线均从消防控制室经车库消防线槽引出。本楼各层电井设消防接线箱。

b.本楼办公室、商业、公共场所设点型感烟探测器。按有吊顶设计探测器,安装时注意预留至吊顶下簪线长度。

c.在各层出入口及适当位置设手动报警按钮(带电话插孔),手动报警按钮底距地1.3 m。

d.在各层电梯厅设区域显示器,底边距地1.5 m。

e.在各层出入口及适当位置设火灾声光报警器。在确认火灾后启动建筑内所有火灾声光报警器。同一建筑内设多个火灾声警报器时,火灾自动报警系统应能同时启动和停止所有火灾声警报器的工作。火灾声警报器单次发出火灾警报时间宜为8~20 s,同时应与消防应急广播交替循环播放。

f.当确认火灾后,应同时向全楼广播消防广播。消防应急广播的单次语音播报时间宜为10~30 s,应与火灾声警报器分时交替工作,可采取1次火灾声警报器播放、1次或2次消防应急广播播报的交替工作方式循环播放。

g.模块严禁设置在配电柜(箱)内。本报警区域的模块不应控制其他报警区域的设备。未集中设置的模块附近应有尺寸不小于100 mm×100 mm的标识。

h.在确认火灾后,顺序启动全楼疏散通道的消防应急照明和疏散指示系统。系统全部投入应急状态的启动时间不应大于5 s。

i.火灾时,应切断火灾区域及相关区域的非消防电源。如需要切断正常照明,宜在自动喷淋系统、消火栓系统动作前切断。

电缆在桥架
线槽敷设

电缆桥架穿
楼板防火安装

j.消防系统线路敷设要求。系统总线上应设置总线短路隔离器,每只总线短路隔离器保护的火灾探测器、手动火灾报警按钮和模块等消防设备的总点数不应超过32。总线穿越防火分区时,应在穿越处设置总线短路隔离器。线路暗敷时,应敷设在不燃烧体的结构层内。保护层厚度不宜小于30 mm;所用线槽均为金属封闭式防火线槽。明敷线槽及管线应作防火处理。不同电压等级的线缆不应穿入同一根保护管内。如用同一线槽,线槽内应用隔板分隔。

k.系统的成套设备均由承包商成套供货并安装、调试。

③图例符号见表3.3。

表3.3 图例符号

图例符号	图例名称	备注
⬜XF	消防接线箱 JBF-11A/X	底边距地1.5 m明装
⧀	编码感烟探测器 JTY-GD-JBF-3100	吸顶安装
Ψ	编码手动报警按钮 带电话插孔 J-SAP-JBF-301/P	距地1.3 m安装
Ψ	编码消火栓按钮 JBF-3332A	消火栓内开门侧1.8 m安装
◮	编码声光报警器 JBF-VM3372B	距地2.5 m安装

续表

图例符号	图例名称	备　注
◁	消防广播　WY-XD5-6	吸顶安装
◁	火灾显示盘　JBF-VDP3060B	距地 1.5 m 安装
⌂	编码火灾报警电话　HD210	距地 1.3 m 嵌墙安装
G	总线隔离模块　JBF-171K	金属模块箱内安装
I	智能输入模块　JBF-3131	金属模块箱内安装
O	智能输出模块　JBF-3141	金属模块箱内安装
I/O	智能单输入/单输出模块　JBF-3141	金属模块箱内安装
5I/O	智能 4 输入/单输出模块　5JBF-3131　JBF-3141	金属模块箱内安装
Q	广播切换模块　JBF-143F	金属模块箱内安装
ALE	双电源照明箱接触器	见强电专业
FXD	非消防电源断路器分励脱扣器	见强电专业
⊠	70 ℃防火阀	见暖通专业
⊠	280 ℃防火阀/电动排烟阀	见暖通专业
FW	水流指示器	见水专业
⋈	信号阀	见水专业

（3）火灾自动报警系统系统图和平面图

火灾自动报警系统图主要反映系统的组成和功能以及组成系统的各设备之间的连接关系等，图 3.18 是某办公建筑的火灾自动报警系统系统图。火灾自动报警系统的平面图主要反映报警设备及联动设备的平面布置、线路的敷设等，图 3.19 是火灾自动报警系统平面图。

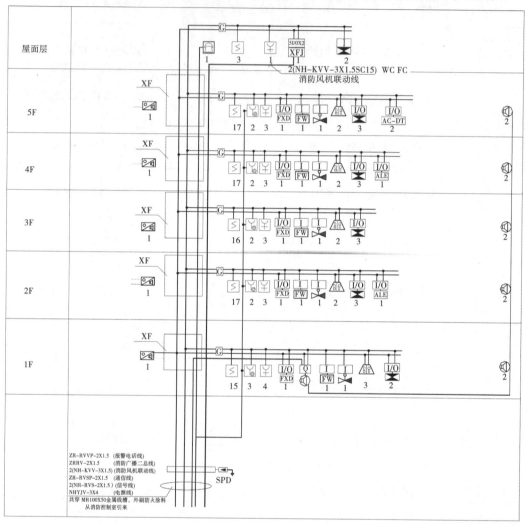

图 3.18　某办公建筑的火灾自动报警系统系统图

从设计说明可知，本工程采用集中报警系统，小区设有消防控制室，本建筑消防二总线从消防控制室经车库线槽引出。每层由区域报警控制器控制和显示本建筑的火灾报警系统，各层电井设消防接线箱。从图 3.18 中可以看出，线的类型从左至右分别是电源线、信号线、通信线、消防广播二总线、报警电话线、消防风机联动线。

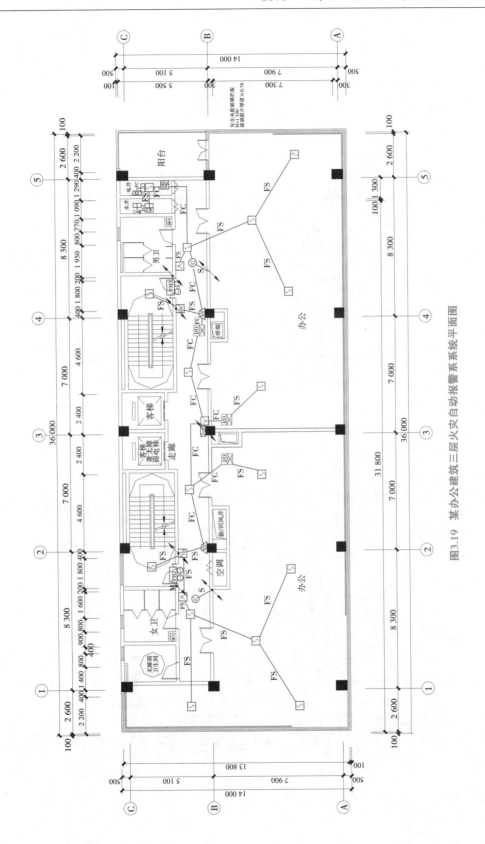

图3.19 某办公建筑三层火灾自动报警系统平面图

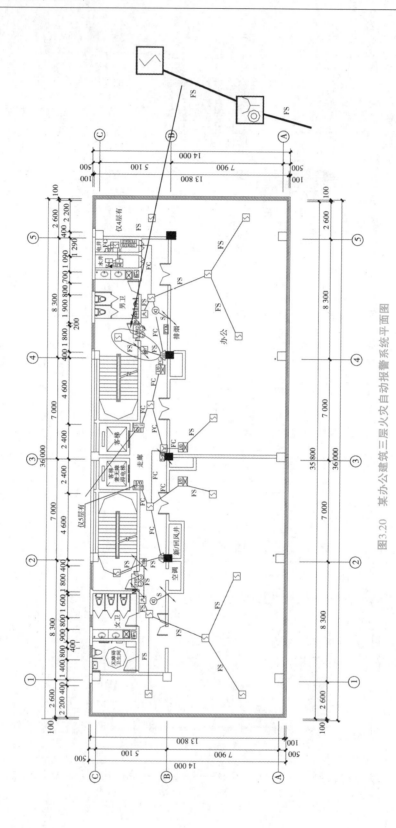

图3.20 某办公建筑三层火灾自动报警系统平面图

一层接线箱通过线路连接总线隔离模块、火灾显示盘、编码感烟探测器 15 个、带电话插孔的手动报警按钮 3 个、编码消火栓按钮 4 个、智能单输入/单输出模块(该连接非消防电源断路器分励脱扣器)、广播切换模块(该模块连接 1~5 层的消防广播,每层有消防广播 2 个)、智能输入模块(该模块连接水流指示器)、智能输入模块(该模块连接信号阀)、编码声光报警器 3 个、智能单输入/单输出模块(该模块连接 280 ℃防火阀 2 个)。

二层接线箱通过线路连接总线隔离模块、火灾显示盘、编码感烟探测器 17 个、带电话插孔的手动报警按钮 2 个、编码消火栓按钮 3 个、智能单输入/单输出模块(该连接非消防电源断路器分励脱扣器)、智能输入模块(该模块连接水流指示器)、智能输入模块(该模块连接信号阀)、编码声光报警器 2 个、智能单输入/单输出模块(该模块连接 280 ℃防火阀 3 个)、智能单输入/单输出模块连接的双电源照明箱接触器。

三层接线箱通过线路连接总线隔离模块、火灾显示盘、编码感烟探测器 16 个、带电话插孔的手动报警按钮 2 个、编码消火栓按钮 3 个、智能单输入/单输出模块(该连接非消防电源断路器分励脱扣器)、智能输入模块(该模块连接水流指示器)、智能输入模块(该模块连接信号阀)、编码声光报警器 2 个、智能单输入/单输出模块(该模块连接 280 ℃防火阀 3 个)。

四层接线箱通过线路连接总线隔离模块、火灾显示盘、编码感烟探测器 17 个、带电话插孔的手动报警按钮 2 个、编码消火栓按钮 3 个、智能单输入/单输出模块(该连接非消防电源断路器分励脱扣器)、智能输入模块(该模块连接水流指示器)、智能输入模块(该模块连接信号阀)、编码声光报警器 2 个、智能单输入/单输出模块(该模块连接 280 ℃防火阀 3 个)、智能单输入/单输出模块连接的双电源照明箱接触器。

五层接线箱通过线路连接总线隔离模块、火灾显示盘、编码感烟探测器 17 个、带电话插孔的手动报警按钮 2 个、编码消火栓按钮 3 个、智能单输入/单输出模块(该连接非消防电源断路器分励脱扣器)、智能输入模块(该模块连接水流指示器)、智能输入模块(该模块连接信号阀)、编码声光报警器 2 个、智能单输入/单输出模块(该模块连接 280 ℃防火阀 3 个)、智能单输入/单输出模块连接的电梯配电箱 2 个。此外,五层接线箱还通过线路连接屋顶的总线隔离模块、编码火灾报警电话、编码感烟探测器 3 个、编码消火栓按钮 1 个、智能输入模块(该模块连接 280 ℃防火阀 2 个)。

消防控制室通过消防风机联动线连接智能输入/单输出模块(该模块连接消防风机控制箱),通过报警电话连接每层楼的带电话插孔的编码手动报警按钮。

从图 3.20 中可以看出,该建筑三层设置的消防设备类型与数量和系统图相对应。识读线槽中,线路敷设情况应从线路末端连接的设备往前判断,现节选一段线路识读。该线路末端连接编码感烟探测器,因此,线槽里只有信号线,往前判断,线路连接带电话插孔的手动报警按钮,线槽里敷设信号线和报警电话线。因此,识读火灾自动报警系统平面图线路敷设情况时不能只看线路编号,要根据连接的设备推断线路种类。

【技能训练】

识读某办公建筑四层火灾自动报警系统平面图,如图 3.21 所示。

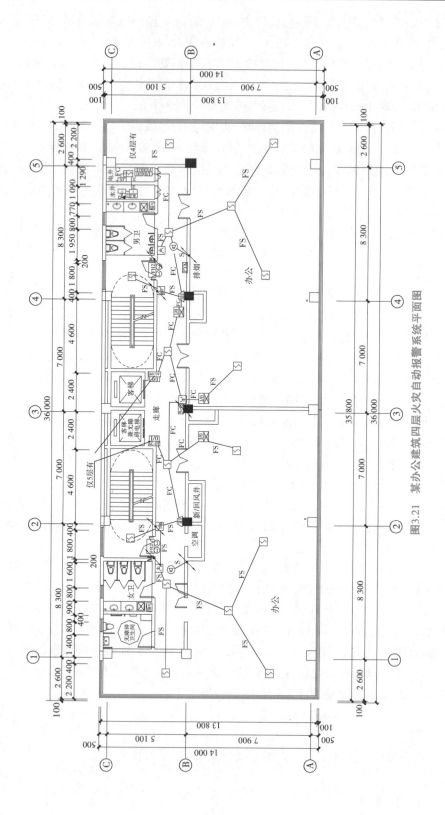

图3.21 某办公建筑四层火灾自动报警系统平面图

项目 3.3　通风与防排烟系统施工图的识读

当建筑内发生火灾时,建筑中设置防烟排烟系统的作用是将火灾产生的烟气及时排除,防止和延缓烟气扩散,保证疏散通道不受烟气入侵,确保建筑物内人员顺利疏散、安全避难。同时,将火灾现场的烟和热量及时排除以减弱火势的蔓延,为火灾扑救创造有利条件。建筑火灾烟气控制分为防烟和排烟。防烟采取自然通风和机械加压送风。排烟包括自然排烟和机械排烟。设置防烟或排烟设施的具体方式多样,应结合建筑所处的环境条件和建筑自身特点,按照相关规范要求,合理选择和组合。

根据《建筑设计防火规范(2018 年版)》(GB 50016—2014)的规定,建筑内的防烟楼梯间及其前室、消防电梯间前室或合用前室、避难走道的前室、避难层(间)应设置防烟设施。民用建筑中,应设置排烟设施的有:设置在 1~3 层且建筑面积大于 100 m² 和设置在四层及以上或地下、半地下的歌舞娱乐放映游艺场所、中庭、公共建筑中建筑面积大于 100 m² 且经常有人停留的地上房间和建筑面积大于 300 m² 且可燃物较多的地上房间以及建筑中长度大于 20 m 的疏散走道。工业建筑中,应设置排烟设施的有人员、可燃物较多的丙类生产场所、丙类厂房中建筑面积大于 300 m² 且经常有人停留或可燃物较多的地上房间、建筑面积大于 500 m² 的丁类生产车间、占地面积大于 1 000 m² 的丙类仓库、高度大于 32 m 的高层厂(库)房中长度大于 20 m 的内走道、其他厂(库)房中长度大于 40 m 的疏散走道。当总建筑面积大于 200 m² 或一个房间建筑面积大于 50 m² 且经常有人停留或可燃物较多时,地下、半地下建筑(室)和地上建筑内的无窗房间应设置排烟设施。

3.3.1　自然通风与自然排烟

自然通风与自然排烟是建筑火灾烟气控制中防烟排烟的方式,是经济适用的防烟排烟方式。设计系统时,应根据使用性质、建筑高度及平面布置等因素优先采用自然通风及自然排烟方式。

1)自然通风方式

(1)自然通风的原理

自然通风是以热压和风压作用的、不消耗机械动力的、经济的通风方式。如果室内外空气存在温度差或者窗户开口之间存在高度差,则在热压作用下会产生自然通风。当室外气流遇到建筑物时,会产生绕流流动,在气流的冲击下,正压区将在建筑迎风面形成,负压区在建筑屋顶上部和建筑背风面形成,这种建筑物表面所形成的空气静压变化即为风压。当建筑物受到热压、风压同时作用时,外围护结构上的各窗孔就会产生内外压差引起的自然通风。由于室外风的风向和风速经常变化,因此,风压是一个不稳定因素。

(2)自然通风方式的选择

当建筑物发生火灾时,疏散楼梯是建筑物内部人员疏散的唯一通道。前室、合用前室是消防救援队员扑救火灾的起始场所,也是人员疏散必经的通道。因此,发生火灾时,无论采用何种防烟方法都必须保证它的安全性,防烟就是控制烟气不进入上述安全区域。

建筑高度小于或等于 50 m 的公共建筑、工业建筑和建筑高度小于或等于 100 m 的住宅建筑,由于建筑受外界风压作用的影响较小,利用建筑本身的采光通风设施也可基本起到防止烟进入安全区域的作用,因此,其防烟楼梯的楼梯间、独立前室、合用前室及消防电梯前室宜采用自然通风方式的防烟系统。当采用全敞开的凹廊、阳台作为防烟楼梯间前室、合用前室及消防电梯前室或者防烟楼梯间前室、合用前室及消防电梯前室具有两个不同朝向的可开启外窗且可开启窗面积符合规定时,可以认为前室或合用前室自然通风,能及时排出从建筑内漏入前室或合用前室的烟气,并可防止烟气进入防烟楼梯间。当加压送风口设置在独立前室、合用前室及消防电梯前室顶部或正对前室入口的墙面时,楼梯间可采用自然通风系统。

（3）自然通风设施设置

①封闭楼梯间和防烟楼梯间,应在最高部位设置面积不小于 1 m² 的可开启外窗或开口;当建筑高度大于 10 m 时,应在楼梯间的外墙上每 5 层内设置总面积不小于 2 m² 的可开启外窗或开口,且宜每隔 2~3 层布置一次。

②防烟楼梯间前室、消防电梯前室可开启外窗或开口的有效面积不应小于 2 m²,合用前室不应小于 3 m²。

③采用自然通风方式的避难层（间）应设有不同朝向的可开启外窗,其有效面积不应小于该避难层（间）地面面积 2%,且每个朝向的有效面积不应小于 2 m²。

④可开启外窗应方便开启,设置在高处不便于直接开启的开启外窗应在距地高度为 1.3~1.5 m 的位置设置手动开启装置。

⑤可开启外窗或开口的有效面积应按规范规定公式计算。

2）自然排烟方式

（1）自然排烟的原理

自然排烟是充分利用建筑物的构造,在自然力的作用下,即利用火灾产生的烟气流的浮力和外部风力作用,通过建筑物房间或走廊的开口把烟气排至室外的地场方式。这种排烟方式的实质是通过室内外空气对流排烟。在自然排烟中,必须有冷空气的进口和热烟气的排出口。一般采用可开启外窗以及专门设置的排烟口,这种排烟方式经济、简单、易操作,并具有不须使用动力及专用设备等优点。自然排烟是简单、不消耗动力的排烟方式,系统无复杂的控制方法及控器过程,因此,对于满足自然排烟条件的建筑,首先应考虑采取自然排烟方式。

（2）自然排烟方式的选择

高层建筑主要受自然条件（如室外风速、风压、风向等）影响较大,许多场所无法满足自然排烟条件,故一般多采用机械排烟方式。多层建筑受外部条件影响较小,一般多采用自然排烟方式。工业建筑中,因生产工艺需要,许多无窗或设置固定窗的厂房和仓库出现,丙类及以上的厂房和仓库内可燃物荷载大,一旦发生火灾,烟气很难排放。设置排烟系统既可为人员疏散提供安全环境,又可在排烟过程中导出热量,防止建筑或部分构件在高温下倒塌等,为消防救援队员灭火救援提供较好条件。考虑到厂房、库房建筑的外观要求没有民用建筑的要求高,因此可采用可熔材料制作的采光带和采光窗排烟。为保证可熔材料在平时环境中不熔化和熔化后不产生流淌火引燃下部可燃物,制作采光带和采光窗的可熔材料必须是只在高温条件下（一般大于最高环境温度 50 ℃）自行熔化且不产生熔滴的可燃材料,其熔化温度应为 120~150 ℃。设有中庭的建筑,中庭应设置自然排烟系统且应符合要求。四类隧道和行人或非机动车辆的三类隧道,因长度较短,发生火灾的概率较低或火灾危险性较小,可不设置排烟设施。

当隧道较短或隧道沿途顶部可开设通风口时可采用自然排烟方式。根据《人民防空地下室设计规范》(GB 50038—2005)的规定,当自然排烟口的总面积大于本防烟分区面积的 2% 时,宜采用自然排烟方式。《汽车库、修车库、停车场设计防火规范》(GB 50067—2014)对危险性较大的汽车库和修车库作出了统一的排烟要求。在敞开式汽车库以及建筑面积小于 1 000 m² 的地下一层汽车库和修车库内,如果汽车进出口可直接排烟且不大于一个防烟分区,则可不设排烟系统,但汽车库和修车库内最不利点至汽车坡道口距离不应大于 30 m。

3.3.2　机械加压送风系统

在不具备自然通风条件时,机械加压送风系统是确保火灾中建筑疏散楼梯间及前室(合用前室)安全的主要措施。

1)机械加压送风系统的组成

机械加压送风系统主要由送风口、送风管道、送风机和吸风口组成。机械加压送风风机可采用轴流风机或中、低压离心风机。加压送风口是用作机械加压送风系统的风口,具有赶烟和防烟的作用,分为常开和常闭两种形式。

2)机械加压送风系统的工作原理

机械加压送风方式是通过送风机所产生的气体流动和压力差来控制烟气流动,即在建筑内发生火灾时对着火区以外的有关区域送风加压,使其保持一定正压以防止烟气侵入。

为保证疏散通道不受烟气侵害以及人员能安全疏散,发生火灾时,从安全性的角度出发,高层建筑内可分为 4 类安全区:第一类安全区为防烟楼梯间、避难层;第二类安全区为防烟楼梯间前室、消防电梯间前室或合用前室;第三类安全区为走道;第四类安全区为房间。依据上述原则,加压送风时,应使防烟楼梯间压力>前室压力>走道压力>房间压力,同时还要保证各部分之间的压力差不要过大,以免开门困难从而影响疏散。当火灾发生时,机械加压送风系统能够及时开启,防止烟气侵入作为疏散通道的走廊、楼梯间及其前室,以确保疏散通道和环境安全可靠、畅通无阻,为安全疏散提供足够的时间。

3)机械加压送风系统的选择

①在建筑高度小于或等于 50 m 的公共建筑、工业建筑和建筑高度小于或等于 100 m 的住宅建筑中,当前室或合用前室采用机械加压送风系统且其加压送风口设置在前室的顶部或正对前室入口的墙面上时,楼梯间可采用自然通风方式。当前室的加压送风口设置不符合上述规定时,防烟楼梯间应采用机械加压送风系统。将前室的机械加压送风口设置在前室的顶部,其目的是形成有效阻隔烟气的风幕;而将送风口设在正对前室入口的墙面上,是为了正面阻挡烟气侵入前室。

②在建筑高度大于 50 m 的公共建筑、工业建筑和建筑高度大于 100 m 的住宅建筑中,防烟楼梯间、消防电梯前室应采用机械加压送风方式的防烟系统。

③当防烟楼梯间采用机械加压送风方式的防烟系统时,楼梯间应设置机械加压送风设施,独立前室可不设机械加压送风设施,但合用前室应设机械加压送风设施。防烟楼梯间与合用前室的机械加压送风系统应分别独立设置。剪刀楼梯的两个楼梯间、独立前室、合用前室的机

械加压送风系统应分别独立设置。

④当裙房高度以上部分利用可开启外窗自然通风但裙房等高范围内不具备自然通风条件时,该高层建筑不具备自然通风条件的前室、消防电梯前室或合用前室应设置机械加压送风系统,其送风口也应设置在前室的顶部或正对前室入口的墙面上。

⑤当地下室、半地下室楼梯间与地上部分楼梯间均须设置机械加压送风系统时,宜分别独立设置。当受建筑条件限制且地下部分为汽车库或设备用房时,可与地上部分的楼梯间共用机械加压送风系统,但应分别计算地上、地下的加压送风量,两部分相加后作为共用加压送风系统风量,且应采取有效措施以满足地上、地下的送风量要求,因为当地下、半地下与地上的楼梯间在一个位置布置时,由于《建筑设计防火规范(2018 年版)》(GB 50016—2014)要求在首层必须采取防火分隔措施,因此实际上是两个楼梯间。当这两个楼梯间合用加压送风系统时,应分别计算地下、地上楼梯间的加压送风量,合用加压送风系统风量应为地下、地上楼梯间加压送风量之和。通常,地下楼梯间层数少,因此在计算地下楼梯间加压送风量时,开启门的数量取 1。为满足地上、地下的送风量要求且不造成超压,设计时必须采取在送风系统中设余压阀等相应的有效措施。

⑥当地上部分楼梯间利用可开启外窗自然通风时,地下部分不能采用自然通风的防烟楼梯间应采用机械加压送风系统。当地下室层数为 3 及以上或室内地面与室外出入口地坪高差大于 10 m 时,按规定应设置防烟楼梯间,并设机械加压送风系统,当其前室为独立前室时,前室可不设置防烟系统,否则前室也应按要求采取机械加压送风方式的防烟措施。

⑦如果自然通风条件不能满足每 5 层内的可开启外窗或开口的有效面积不应小于 2 m² 且在该楼梯间的最高部位应设置有效面积不小于 1 m² 的可开启外窗或开口的封闭楼梯间和防烟楼梯间,应设置机械加压送风系统;当封闭楼梯间位于地下且不与地上楼梯间共用而地下仅为一层时,可不设置机械加压送风系统,但应在首层设置不小于 1.2 m² 的可开启外窗或直通室外的门。

⑧避难层应设置直接对外的可开启外窗或独立的机械防烟设施,外窗应采用乙级防火窗或耐火极限不低于 1 h 的 C 类防火窗。设置机械加压送风系统的避难层(间)时,应在外墙设置固定窗,且面积不应小于该层(间)面积的 1%,每个窗的面积不应小于 2 m²。除长度小于 60 m 两端直通室外或长度小于 30 m 一端直通室外,可仅在避难走道前室设置机械加压送风系统,避难走道外、避难走道及其前室应设置机械加压送风系统。

⑨如果高层建筑的建筑高度大于 100 m,其送风系统应竖向分段设计,且每段高度不应超过 100 m。

⑩如果建筑的建筑高度小于或等于 50 m,当楼梯间设置加压送风井(管)道有困难时,楼梯间可采用直灌式加压送风系统,并应符合下列规定。

a.在建筑高度大于 32 m 的高层建筑中,应采用楼梯间多点部位送风的方式,送风口之间距离不宜小于建筑高度的 1/2。

b.直灌式加压送风系统的送风量应按计算值或按规定送风量增加 20%取值。

c.加压送风口不宜设在影响人员疏散的位置。

⑪人防工程的防烟楼梯间及其前室或合用前室、避难走道的前室应设置机械加压送风防烟设施。

⑫在建筑高度大于 32 m 的高层汽车库、室内地面与室外出入口地坪的高差大于 10 m 的

地下汽车库中,应采用防烟楼梯间。

3.3.3　机械排烟系统

在不具备自然排烟条件时,机械排烟系统能将火灾中建筑房间、走道内中的烟气和热量排出建筑,为人员安全疏散和开展灭火救援行动创造有利条件。

1)机械排烟系统的组成

机械排烟系统由挡烟垂壁(活动式或固定式挡烟垂壁,或挡烟隔墙、挡烟梁)、排烟口(或带有排烟阀的排烟口)、排烟防火阀、排烟道、排烟风机和排烟出口组成。

2)机械排烟系统的工作原理

当建筑物内发生火灾时,应采用机械排烟系统将房间、走道等空间的烟排出建筑物。当采用机械排烟系统时,通常由火场人员手动控制或由感烟探测器将火灾信号传递给防烟排烟控制器,开启活动的挡烟垂壁将烟气控制在发生火灾的防烟分区内,并打开排烟口以及和排烟口联动的排烟防火阀,同时关闭空调系统和送风管道内的防火调节阀,防止烟气从空调和通风系统蔓延其他非着火房间,最后由设置在屋顶的排烟机使烟气通过排烟管道排至室外。

目前,常见的有机械排烟与自然补风组合、机械排烟与机械补风组合、机械排烟与排风合用以及机械排烟与通风、空调系统合用等。一般要求如下:

①排烟系统与通风、空调系统宜分开设置。当合用时,应符合下列条件。系统的风口、风道、风机等应满足排烟系统的要求;当火灾被确认后,应能开启排烟区域的排烟口和排烟风机,并在 30 s 内自动关闭与排烟无关的通风、空调系统。

②走道的机械排烟系统宜竖向设置,房间的机械排烟系统宜按防烟分区设置。

③排烟风机的全压应按排烟系统最不利环路管道计算,其排烟量应增加漏风系数。

④人防工程机械排烟系统宜单独设置或与工程排风系统合并设置。当合并设置时,必须采取在火灾发生时能将排风系统自动转换为排烟系统的措施。

⑤车库机械排烟系统可与人防、卫生等排气、通风系统合用。

3)机械排烟系统的选择

①建筑内应设排烟设施,不具备自然排烟条件的房间、走道及中庭等,均应采用机械排烟方式。高层建筑受自然条件(如室外风速、风压、风向等)影响较大,一般多采用机械排烟方式。

②人防工程以下位置应设置机械排烟设施。

a.建筑面积大于 50 m^2,且经常有人停留或可燃物较多的房间和大厅。

b.丙、丁类生产车间。

c.总长度大于 20 m 的疏散走道。

d.电影放映间和舞台等。

③除敞开式汽车库、建筑面积小于 1 000 m^2 的地下一层汽车库和修车库外,汽车库和修车库应设置排烟系统(可选机械排烟系统)。

④机械排烟系统横向应按每个防火分区独立设置。

⑤建筑高度超过 50 m 的公共建筑和建筑高度超过 100 m 的住宅排烟系统应竖向分段独

立设置,且公共建筑每段高度不宜超过 50 m,住宅每段高度不宜超过 100 m。

需要注意的是,在同一个防烟分区内,不应同时采用自然排烟方式和机械排烟方式,因为这两种方式会对气流相互干扰,影响排烟效果。尤其是在排烟时,自然排烟口还可能在机械排烟系统动作后变成进风口而失去排烟作用。

3.3.4 通风与防排烟系统施工图的识读

1)通风与防排烟系统施工图的识读方法

通风与防排烟系统施工图的识读应阅读设计施工说明、平面图、系统图、剖面图、详图等图纸表达的内容。

①阅读设计施工说明。设计说明介绍设计概况和通风方式、风量指标、建筑物的耐火等级、防排烟的方式、烟气的控制流程等。施工说明介绍系统所使用的材料和附件、系统工作压力和试压要求、施工安装要求及注意事项等。

②阅读平面图。平面图主要表明各通风设备与通风管道的平面布置情况,包括通风管道的平面布置和风口的平面布置,通风设备及其他设备的位置、房间名称、主要轴线号和尺寸线;通风竖井的位置。首层平面图中还包括排风井与建筑物的定位尺寸。

③阅读系统图。系统图主要表明通风管道与通风设备的空间位置关系,通常也称为通风管道系统轴测图。

④阅读剖面图。如果平面图不能表达复杂管道的相对关系及竖向位置,就应通过剖面图来实现。剖面图以正投影方式给出对应于机房平面图的设备、设备基础、管道和附件,注明设备和附件编号,标注竖向尺寸和标高。

⑤阅读详图。在平面图中,因比例关系不能表述清楚时,通风设备及管道较多处(如风机房、防火阀门、管道交叉处等)应采用绘制局部放大平面图,即大样图。详图内容包括设备及管道的平面位置,设备与管道的连接方式,管道走向、管道规格,仪表及阀门、控制点标高等。

2)通风与防排烟系统施工图的识读举例

通风管道
施工工艺

(1)设计施工说明

①建筑概况。

本建筑地下有 1 层,地上有 5 层,1 层为配套管理用房、办公及门厅,2~5 层为办公用房,地下一层为地下汽车库。总建筑面积为 2 540.56 m²,建筑高度为 22 m。

②设计依据。

a.建设单位提供的设计任务书及设计要求。

b.建筑平、立、剖面及总平面图。

c.《民用建筑供暖通风与空气调节设计规范》(GB 50736—2012)。

d.《建筑设计防火规范(2018 年版)》(GB 50016—2014)。

e.《建筑防烟排烟系统技术标准》(GB 51251—2017)。

f.《公共建筑节能设计标准》(GB 50189—2015)。

g.《绿色建筑评价标准》(GB/T 50378—2019)。

h.《建筑机电工程抗震设计规范》(GB 50981—2014)。

i.其他与本工程相关的国家规范及地方规程等。

③通风及排烟系统。

A.通风、空调系统防火设计。

通风管道穿越防火分隔处及重要房间均设置防火阀(70 ℃)送排风,排烟管材均采用镀锌钢板不燃材料制作。各系统送、回风总管均设置 70 ℃防火阀,可以 70 ℃熔断关闭。通风空调、防排烟风管和空调水管、穿过防火隔墙及房间、走道隔墙处的孔洞空隙采用不燃材料填塞密实。

B.1~5 层内走廊分段设置机械排烟系统,通过可开启外门自然补风(非防火门窗),排烟风机设置于屋顶排烟机房;1~5 层办公室设置机械排烟系统,通过可开启外门窗自然补风(非防火门窗),排烟风机设置在屋顶排烟机房。

C.排烟量按《建筑防烟排烟系统技术标准》(GB 51251—2017)相关规定计算。

D.火灾确认 15 s 内开启着火防烟分区的排烟风口/远控排烟防火阀。排烟、连锁启动对应排烟风机及消防补风机。并应在 30 s 内自动关闭平时通风、空调系统。

E.排烟、补风风机的控制方式应符合以下规定。

a.现场手动启动。

b.通过火灾自动报警系统自动启动。

c.消防控制室手动启动。

d.系统中任一排烟阀或排烟口开启时,排烟风机、补风机自动启动。

e.排烟防火阀在 280 ℃时应自行关闭,并应连锁关闭排烟风机和补风机。

F.机械排烟系统中,常闭排烟阀或排烟口应具有火灾自动报警系统自动开启、消防控制室手动开启和现场手动开启功能,开启信号与排烟风机、补风机联动。

G.地下、地上楼梯间均采用自然排烟。

H.采用夹丝防火玻璃挡烟垂壁划分防烟分区,高度见设计图,且下凸不小于 500 mm。排烟系统穿越防火分区处设动作温度为 280 ℃的防火阀。排烟风机设在专用的机房内,排烟风机可在 280 ℃时连续工作 30 min。排烟口/排烟防火阀在距地 1.5 m,便于操作处设手动装置。排烟口距排烟最远点距离<30 m,消防风机均设置就地检修开关。

I.所有防火阀、排烟阀、电动风阀的信号接至消防控制中心。火灾时,消防控制中心自动停止与消防无关的空调设备和通风机,并根据火灾信号启用各类防排烟风机、补风设备等设施。

J.消防排烟风管均采用镀锌钢板,风管制作、配件、钢板厚度和允许漏风量等均应符合规范要求。

K.吊顶内,排烟风管采用 50 mm 厚铝箔离心玻璃棉隔热,并应与可燃物距离保持不小于 150 mm。与防火阀连接的过墙(楼板)风管,应设预埋管。预埋管的钢板厚度不小于 1.6 mm。风管穿过防火隔墙、楼板和防火墙时,穿越风管上的防火阀、排烟防火阀两侧 2.0 m 范围内风管应采用耐火风管,风管耐火极限不低于穿越墙体(楼板)的耐火极限。排烟管道内衬金属风管时,必须和土建配合施工,金属风道安装完毕后方可砌筑砖墙。

L.所有风管法兰间用阻燃密封胶带或石棉垫密封,减少漏风。安装调节阀等调节配件时,操作手柄的位置应便于操作。所有风口均采用铝合金制品,排烟及全面排风风口安装距顶板或吊顶距离不大于 0.4 m。

M.安装防火阀时,应注意保持气流方向与阀体上所标箭头方向一致,严禁逆向。防火阀应配置单独的支吊架。

N.安装吊装的风机采用减振吊架,落地安装风机采用橡胶减震垫。减震吊架及橡胶减震垫均按设备厂家要求配套安装。平时,风机/空调设备进、出口相连处应设置长度为 150～300 mm 的不燃耐高温软管。相接处应牢固、严密。柔性短管的异径连接管不宜找正、找平。

O.本项目排烟系统按格栅吊顶/开孔率大于 25% 的有孔吊顶设计。

④图例符号(表 3.4)。

表 3.4　通风与防排烟系统图例符号

符号	名称	符号	名称	符号	名称
——H——	采暖供水管		空调室内机	XF-XX-X	新风系统编号
－－HR－－	采暖回水管		空调室外机	PY-XX-X	排烟系统编号
——f——	空调冷媒管		空气幕	KT-XX-X	空调系统编号
——N——	冷凝水管		方形散流器		对开多叶调节阀
	截止阀		双层百叶风口		电动风阀
	静态平衡阀		单层百叶风口	70 ℃	70 ℃防火阀(FD)
	自动排气阀		吊顶式排气扇	280 ℃	280 ℃防火阀(FHD)
	过滤球阀	280 ℃(BECH)	通风机		远控排烟防火阀(BECH)
	固定支架		消声弯头		
FPQ-6	分集水器		风管软接头		

(2)通风与防排烟系统系统图和平面图

图 3.22 是某办公建筑的排烟系统系统图,图 3.23 是某办公建筑的排烟系统平面图。

从图 3.22 中可以看出,该建筑设置有竖向立风管 2 根,从一层底布置到屋顶,左侧立风管是截面尺寸为 1 000 mm×500 mm 形风管,通过屋顶水平风管与排烟风机 PY-RF-2 相连,水平风管与立风管的连接处设有 280 ℃ 的排烟防火阀;右侧立风管是截面尺寸为 600 mm×800 mm 的矩形风管,通过屋顶水平风管与排烟风机 PY-RF-1 相连,水平风管与立风管的连接处设有 280 ℃ 的远控排烟防火阀。左侧立风管在一层通过水平风管连接排烟风口 1 个,在 2～5 层均通过左右水平风管连接排烟风口各 1 个,排烟风口均是尺寸为 600 mm×700 mm 的单层百叶风口,水平风管均是截面尺寸为 800 mm×320 mm 的矩形风管,各水平风管与立风管的连接处均设有 280 ℃的远控排烟防火阀。右侧立风管在 1~5 层均通过水平风管连接排烟风口 1 个,排烟风口均是尺寸为 500 mm×800 mm 的单层百叶风口,水平风管均是截面尺寸为 600 mm×320 mm的矩形风管,各水平风管与立风管的连接处均设有 280 ℃的远控排烟防火阀。

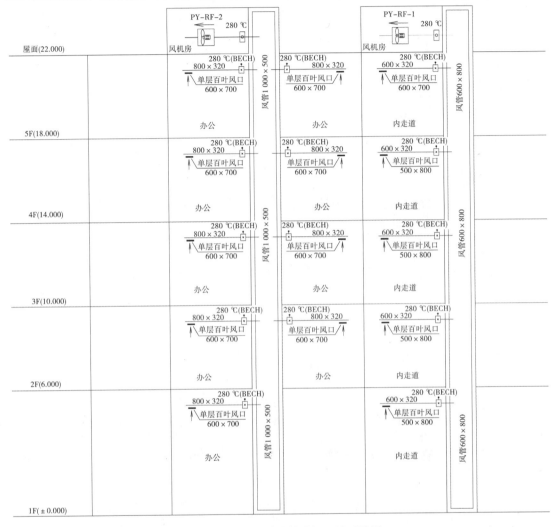

图 3.22　某办公建筑的排烟系统系统图

从图 3.23 中可以看出,该建筑一层设有防烟分区 2 个,配套用房为防烟分区一,面积为 99 m²;其余房间为防烟分区二,面积为 124 m²。防烟分区一设置排风口 1 个,风口是尺寸 600 mm×700 mm 的单层百叶风口,在风口附近设有远控排烟防火阀(平时常闭型),风口位置和排烟量标注在图中,水平风管是截面尺寸为 800 mm×320 mm 的矩形风管,水平风管在穿墙时预留 900 mm×400 mm 的洞口,洞底标高为 4.8 m,在水平风管与立风管连接处设有 280 ℃的排烟防火阀;防烟分区二设置排风口 1 个,风口是尺寸 500 mm×800 mm 的单层百叶风口,在风口附近设有远控排烟防火阀(平时常闭型),风口位置和排烟量标注在图中,水平风管是截面尺寸为 600 mm×320 mm 的矩形风管,水平风管在穿墙时预留 700 mm×400 mm 的洞口,洞底标高为 4.8 m,在水平风管与立风管连接处设有 280 ℃的排烟防火阀。平面图中风口尺寸、水平风管尺寸与系统图一致,若防火阀类型和数量与系统图不一致,则以平面图为准。

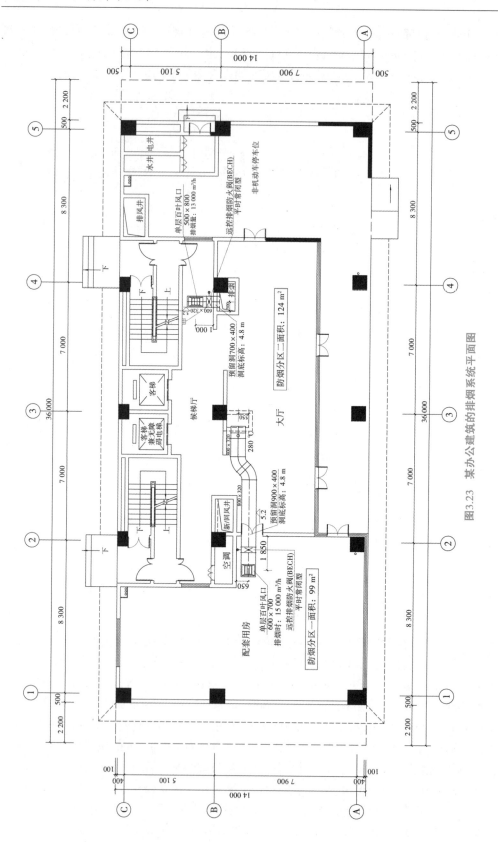

图3.23 某办公建筑的排烟系统平面图

【技能训练】

识读某办公建筑三层防排烟系统平面图,如图 3.24 所示。

项目 3.4 消防工程施工图的绘制

3.4.1 绘制要求

消防工程施工图有关的图纸涉及建筑、给排水、暖通空调、电气等专业,各专业有不同侧重点。建筑专业要明确建筑的耐火等级、防火间距、防火分区、安全疏散、防火构造等内容;给排水专业要明确消火栓给水灭火系统及自动喷水灭火系统设计;暖通空调专业要明确建筑排烟、通风系统及机房设计;电气专业要明确火灾报警、消防联动控制、紧急照明等系统设计。以上内容都有相应的设计规范和行业规范可以遵循,专业性极强。在制图过程中,要多专业结合,遵守相关专业国家有关标准、规范的规定。消防工程施工图常用制图标准如下:

①《房屋建筑制图统一标准》(GB/T 50001—2017)。

②《建筑给水排水制图标准》(GB/T 50106—2010)。

③《消防技术文件用消防设备图形符号》(GB/T 4327—2008)。

④《暖通空调制图标准》(GB/T 50114—2010)。

⑤《火灾自动报警系统设计规范》(GB 50116—2013)。

消防工程图纸幅面规格、字体、符号等均应符合国家标准《房屋建筑制图统一标准》(GB/T 50001—2010)的有关规定。消防工程图样图线、比例、管径、标高和图例等应符合《建筑给水排水制图标准》(GB/T 50106—2010)的有关规定。

消防设备和管道的平面布置、剖面图均应符合现行国家标准的规定,并应按直接正投影法绘制。图样中,尺寸的数字、排列、布置及标注应符合现行国家标准的规定;单体项目平面图、剖面图、详图、放大图、管径等尺寸应以毫米(mm)表示;标高、距离、管长、坐标等应以米(m)计,精确度可取至厘米(cm)。

3.4.2 绘制步骤

消防工程施工图绘制步骤一般为打开建筑平面图、设置图层、绘制管道(线路)、添加设备图块、尺寸标注(文字注释)。

①打开建筑平面图(图 3.25)。

②设置图层(图 3.26)。

③绘制管道(线路)(图 3.27)。

④添加设备图块(图 3.28)。

⑤尺寸标注(文字注释)(图 3.29)。

【技能训练】

绘制某办公建筑自动喷水灭火系统平面图,如图 3.30 所示。

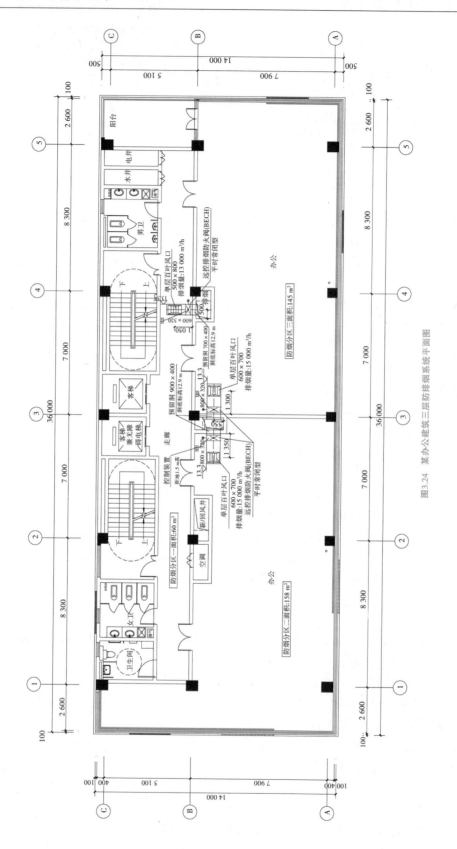

图3.24 某办公建筑三层防烟排烟系统平面图

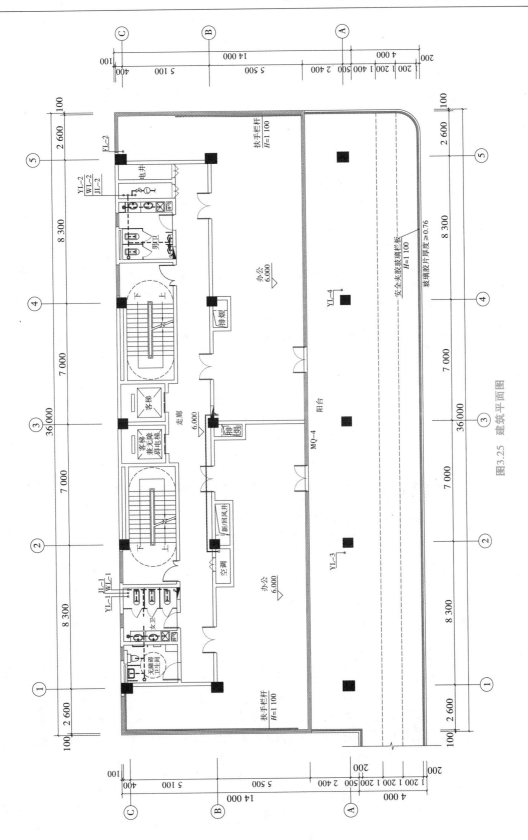

图3.25 建筑平面图

图 3.26　设置图层

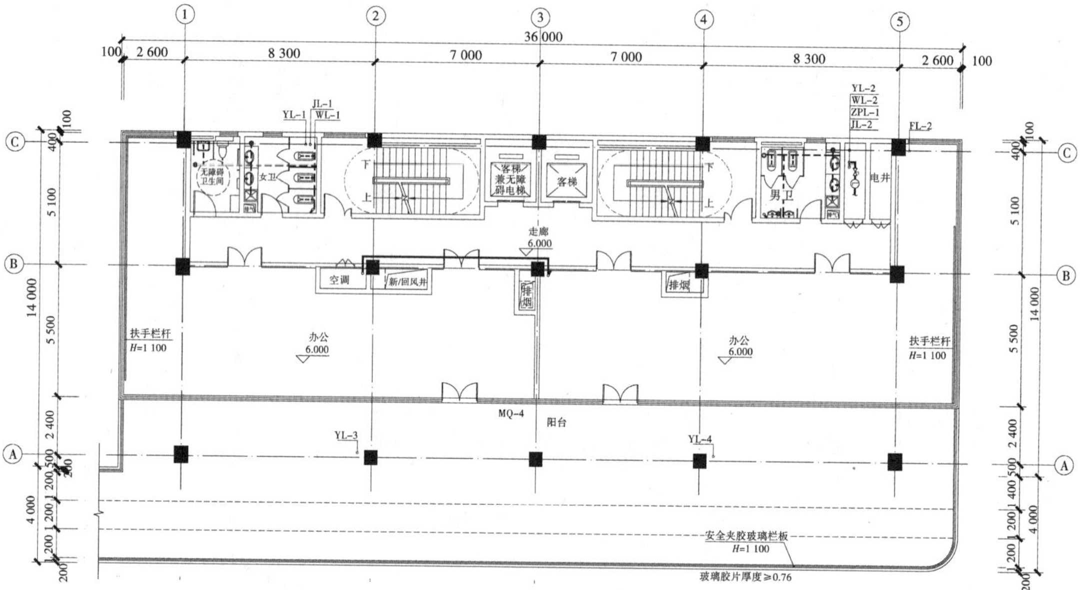

图 3.27　绘制管道

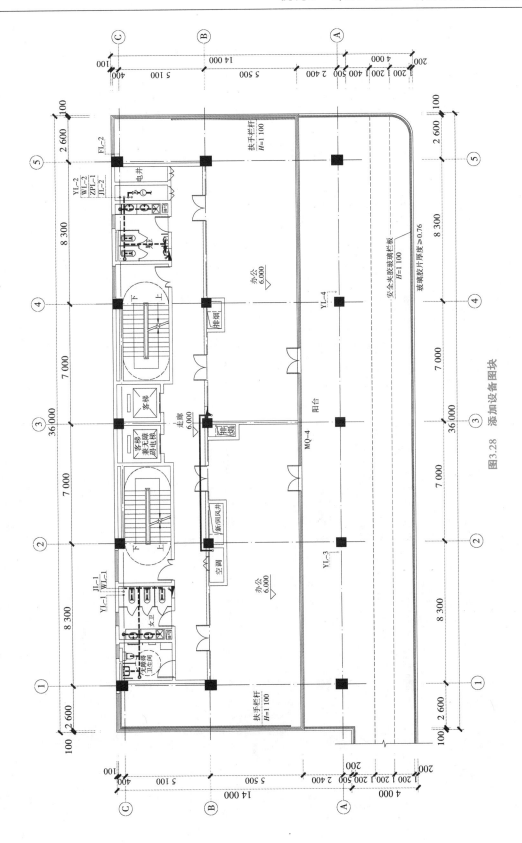

图3.28　添加设备图块

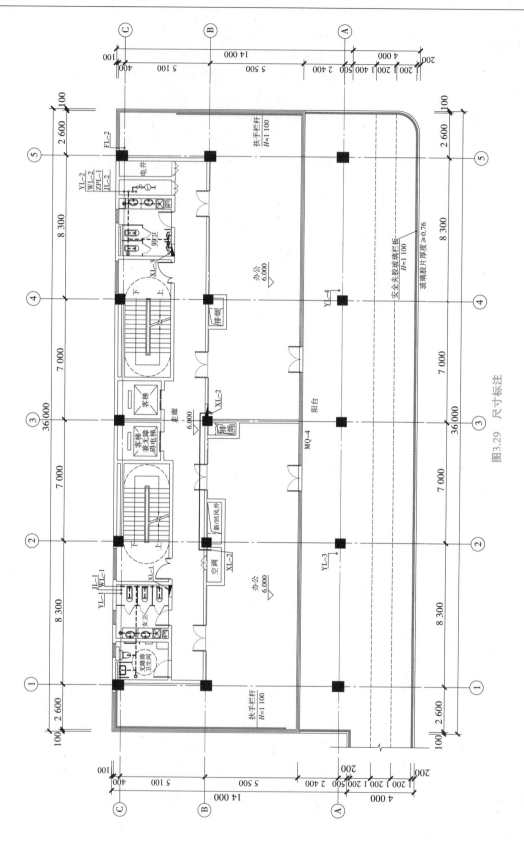

图3.29 尺寸标注

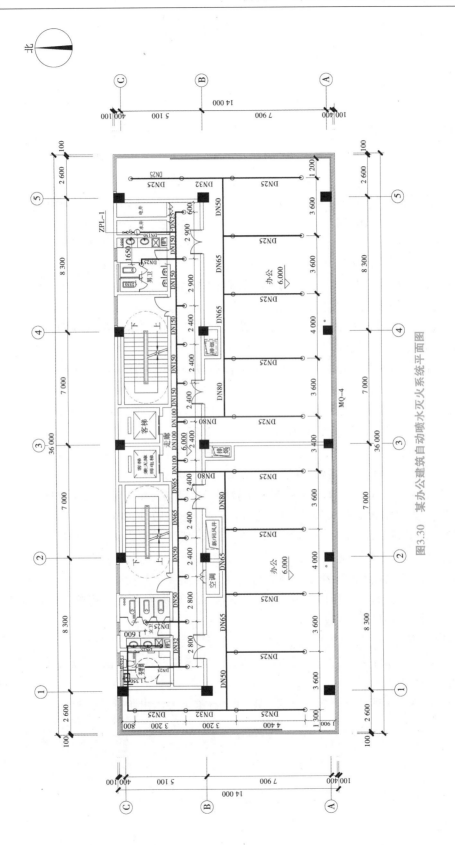

图3.30　某办公建筑自动喷水灭火系统平面图

参考文献

［1］中华人民共和国住房和城乡建设部.房屋建筑制图统一标准:GB/T 50001—2017［S］.北京:中国建筑工业出版社,2018.

［2］中华人民共和国住房和城乡建设部.中华人民共和国国家质量监督检验检疫总局.建筑制图标准:GB/T 5104—2010［S］.北京:中国建筑工业出版社,2011.

［3］中华人民共和国住房和城乡建设部.消防给水及消火栓系统技术规范:GB 50974—2014［S］.北京:中国计划出版社,2017.

［4］中华人民共和国住房和城乡建设部.建筑防烟排烟系统技术标准:GB 51251—2017［S］.北京:中国计划出版社,2017.

［5］中华人民共和国住房和城乡建设部.火灾自动报警系统设计规范:GB 50116—2013［S］.北京:中国计划出版社,2014.

［6］中华人民共和国住房和城乡建设部,国家市场监督管理总局.建筑防火通网规范:GB 55037—2022［S］.北京:中国计划出版社,2023.

［7］徐乔新.建筑制图与 CAD 实训［M］.西安:西安电子科技大学出版社,2017.

［8］李睿璞.建筑识图［M］.北京:清华大学出版社,2020.

［9］高恒聚,冯巧娥.AutoCAD 建筑制图实用教程［M］.北京:北京邮电大学出版社,2013.

［10］赵建军.建筑工程制图与识图［M］.北京:清华大学出版社,2012.

［11］马广东,于海洋,郜颖.土木工程制图［M］.武汉:武汉大学出版社,2014.

［12］王芳.AutoCAD 2019 建筑施工图绘制项目化教程［M］.北京:北京交通大学出版社,2020.

［13］赵克理,左春丽.建筑装饰工程制图与 CAD［M］.北京:清华大学出版社,2015.

［14］中华人民共和国住房和城乡建设部.消防给水及消火栓系统技术规范:GB 50974—2014［S］.北京:中国计划出版社,2014.

［15］王斌.建筑设备安装识图与施工［M］.北京:清华大学出版社,2020.

［16］张大文,王晓梅,荣琪.建筑工程制图与识图:含建筑设备工程识图［M］.成都:西南交通大学出版社,2020.

［17］边凌涛.安装工程识图与施工工艺［M］.重庆:重庆大学出版社,2023.